中国建筑业企业 BIM 应用分析报告（2019）

本书编委会　著

中国建筑工业出版社

图书在版编目（CIP）数据

中国建筑业企业BIM应用分析报告（2019）/《中国建筑业企业BIM应用分析报告（2019）》编委会著.—北京：中国建筑工业出版社，2019.9
ISBN 978-7-112-24155-2

Ⅰ.①中… Ⅱ.①中… Ⅲ.①建筑企业-建筑设计-计算机辅助设计-应用软件-研究报告-中国-2019
Ⅳ.①F426.9②TU201.4

中国版本图书馆CIP数据核字（2019）第188058号

责任编辑：付　娇　石枫华　兰丽婷
责任校对：党　蕾

中国建筑业企业 **BIM** 应用分析报告 （2019）
本书编委会　著
*
中国建筑工业出版社出版、发行（北京海淀三里河路9号）
各地新华书店、建筑书店经销
北京佳捷真科技发展有限公司制版
北京建筑工业印刷厂印刷
*
开本：787×1092毫米　1/16　印张：8¼　字数：182千字
2019年9月第一版　　2019年9月第一次印刷
定价：**25.00**元
ISBN 978-7-112-24155-2
（34666）

本书编委会

顾　　问：

王铁宏　吴慧娟　刘锦章

主 任 委 员：

李　菲　许杰峰　袁正刚

副主任委员：

王凤起　李秋丹　崔旭旺　王兴龙

赵　静　汪少山　王鹏翊

专 家 委 员：

马智亮　陈　浩　金　睿　BIMBOX

王　静　李卫军　马香明

编委会成员：

陈晓峰　李　全　陈鲁遥　蒋　艺

编写组成员：

王凤起	石　卫	刘　蕾	陈鲁遥	楚仲国	崔旭旺
董文祥	范雷洁	葛怀银	顾　菁	韩　冰	侯　酝
胡　北	黄锰钢	姜树仁	蒋　艺	来春晖	李浩亮
李秋丹	刘　鹏	吕　振	慕俊华	彭书凝	齐　馨
乔　磊	沈　斌	石　拓	石　卫	孙世昌	万仁威
万小军	王　乐	王兴龙	汪明霞	王　鹏	吴雨田
夏秉岐	徐　青	邢建锋	杨　颐	应春颖	于　科
喻太祥	袁　泉	张晓臣	张鑫全	赵海萍	赵　静
赵　蕊	郑志惠				

主 编 单 位：

中国建筑业协会
广联达科技股份有限公司

副主编单位：

江苏省建筑业协会
北京市建筑业联合会
浙江省建筑业行业协会
广东省建筑业协会
河南省建筑业协会
内蒙古自治区建筑业协会
山西省建筑业协会
天津市建筑业协会
湖北省建筑业协会
安徽省建筑业协会
江西省建筑业协会
贵州省建筑业协会
云南省建筑业协会
深圳市建筑业协会
北京城建科技促进会
广东省 BIM 联盟
河北省 BIM 技术工作委员会
内蒙古自治区 BIM 发展联盟

参 编 单 位：

中铁城建集团有限公司总承包分公司
北京城建集团有限责任公司
厦门特房建设工程集团有限公司
甘肃二十一冶第三建设有限公司
青岛莱西建总建设有限公司
新疆兴教建设监理有限责任公司
山东蓝图工程造价咨询有限公司
BIMBOX
施工技术杂志社
土木在线

序 一

当前，我国建筑产业正经历着深化改革、转型升级和科技跨越同步推进的发展过程。其中，在转型升级与科技跨越叠加之下，BIM技术的发展趋势尤其值得我们关注。

国办19号文《关于促进建筑业持续健康发展的意见》，就建筑市场模式改革和政府监管方式改革等作出了明确规定。其中涉及深层次的改革有：关于市场模式改革，明确鼓励设计施工总承包模式；关于招投标制度改革，明确按投资主体重新要求，对社会资本投资项目不再简单一刀切；关于政府监管方式改革，明确对甲乙双方同等要求；关于质量监督主体责任改革，明确要研究建立质量监督体制等。

党的十九大报告指出，我国经济已由高速增长阶段转向高质量发展阶段，正处在转变发展方式、优化经济结构、转换增长动力的攻关期，建设现代化经济体系是跨越关口的迫切要求和我国发展的战略目标。

习近平总书记在2019年新年贺词中指出，"中国制造、中国创造、中国建造共同发力，继续改变着中国的面貌。"按照党的十九大报告和总书记的要求，我国的建筑产业要在全领域（广义基本建设）、全过程（包括设计、施工等）、全产业链（包括基本建设所涉及的所有相关产业链条）进行全面的转型升级。无论是建造出来的房屋或基础设施，还是整个建造过程，都是要在全面转型升级基础上实现绿色、循环、低碳发展。要以绿色发展为核心，全面深入地推动绿色建筑、装配式建筑、超低能耗被动式建筑等发展，同时推广绿色施工、海绵城市、综合管廊等实践。

中共中央、国务院《关于进一步加强城市规划建设管理工作的若干意见》指出，要大力推广装配式建筑，力争在10年左右时间，使装配式建筑占新建建筑的比例达到30%。这需要我们从国家战略层面认真回答两个深刻问题，即"中国为什么要发展装配式建筑"和"如何发展装配式建筑"的问题。

当前我们要关注"装配式＋BIM""装配式＋EPC""装配式＋超低能耗被动式"，下一步我们还要关注"装配式＋智慧建造"。以青岛上合组织会议场馆为例，全钢结构全装配式（结构、机电、装修全装配式）结合BIM技术应用，仅仅6个月高质量、高效率地建成，分析其原因，最重要的就在于结合BIM。

推广应用BIM技术要解决三个突出问题，一是三维图形平台的引擎问题。目前国内项目使用的引擎基本上都是国外的，广联达虽已研发自主引擎，但推广应用还很少。为此4位院士和部分专家给中央领导同志提交了中国建造2035的建议，领导同志高度重视并作出重要批示。现国家已经立项推进国内自主三维图形引擎的研发工作。二是三维图形平台的安全问题。现在许多设计院和施工单位往往越是重大项目越是优先选用国外三维图型平台，由于是云服务，数据库都设在国外，只要登录云平台数据就向国外公开了，安全问题需要格外注意。目前，国内已有 3 家自主三维图形平台：广联达（包括自主引擎）、鲁班和 PKPM（引擎是国外的，平台是自主研发的，数据库设在国内），我们要大力推广选用国内自主平台。三是设计、施工、运维阶段 BIM 应用不贯通问题。现阶段，BIM 已经应用到许多项目中，但是仍有很多设计院还不积极，造成设计、施工和 BIM 不贯通，BIM 的价值难以充分发挥。国内有很多成功的范例，如北京某地标性项目，通过 BIM 应用共发现了 11000 多个问题，解决这些问题所节省的投资和创造的价值超过 2 个亿，缩短工期超过 6 个月。丁烈云院士指出，推广应用 BIM 不但要重视技术，更要重视价值。

最后，我们还应该关注几个问题。一是 CIM 技术，随着智慧城市的发展，CIM 技术要快速推广应用，而 CIM 技术中的最重要基础部分仍在于 BIM，因此我们要特别关注 CIM 与 BIM 的结合问题。二是关注集采问题，重点关注公共集采平台。每个大企业大概都有自己的集采平台，但限于规模一般可以节省 1~2 个点。现在已涌现出公共集采平台的雏型，据调研，某公共集采平台已有近 300 家特级、一级建筑业企业上线，不但免费上线，还享受普惠金融，交易额近 2000 亿，由于规模更大可以节省 3~5 个点。三是关注 ERP 打通问题，很多大企业的项目与区域公司、区域公司与番号公司之间已基本上能够实现打通，但番号公司与地方国企的集团之间、番号公司与央企的局之间往往还没有打通，我们要关注他们后续打通对加强风控管理的重大效果。四是关注数字孪生问题，现在的数字孪生是指将图纸生成数字模型，并不是真正意义上的数字孪生。据了解，某企业正在院士指导下拟通过北斗卫星定位技术、无人机技术和其他精密测试技术，实现毫米级定位，把建筑物的真实尺寸反馈到数字模型中，以此实现真正意义上的数字孪生。五是关注智慧建造的问题（无人造楼技术），大型建筑业企业都把智慧建造作为重要的发展方向。例如某央企已在超高层项目主体结构核心筒施工中率先引入无人造楼机的概念，即自动绑扎钢筋、支模板、浇筑混凝土、养护、自动爬升等技术的综合应用，基本实现无人全自动控制。

综上，BIM 技术的推广应用是我国建筑信息化的基础，同时也是推动建筑产业数字化转型的重要支撑。《中国建筑业企业 BIM 应用分析报告（2019）》的编制，旨在通过行业 BIM 创新实践和专家视点，让更多从业人员掌握 BIM、实践 BIM。相信该报告的推出必将引发行业内有识之士的更多深入思考，必将对建筑产业全面推广 BIM 应用起到引领和助推作用。

中国建筑业协会会长
住房和城乡建设部原总工程师

序　二

习近平总书记在 2019 年新年贺词中提道："这一年，中国制造、中国创造、中国建造共同发力，继续改变着中国的面貌。"这是我国首次提出"中国建造"的理念，利好的运行环境给建筑业向高质量发展的转型之路奠定了良好的基础，而产业数字化转型浪潮也为建筑业的变革注入了新的活力。据统计，中国数字经济规模已达 31 万亿元，约占中国 GDP 的 30%。中国 1000 强企业里有 50% 已经把数字化作为面向未来的关键策略，数字化已成为全行业共识。利用数字化手段，实现建筑行业的转型升级，改变高污染、高能耗、低效率、低利润率的行业窘境，实现高质量发展成为必然选择。

在 2018 年的行业 BIM 应用报告中我们已经探讨过，数字建筑将数字技术和业务变革融合，推动建筑业的数字化转型。这其中，BIM 技术是核心。运用 BIM 技术对建筑进行数字建模，实现建筑产品数字虚体和建筑实体的"数字孪生"，可以不受时间和空间的限制进行设计、模拟和优化，方案最优后再实施，在降低成本同时让工程更高效。BIM 是连接建筑实体与数字虚体之间的技术纽带和基础。

从近三年 BIM 报告的调研结果来看，BIM 技术在关键点建模、可视化呈现等初级应用上的普及率已大幅提升。作为技术本身，BIM 也渐渐转向幕后，和其他数字化技术一起，更好地融合到施工业务场景中，推动建筑业的数字化转型。基于模型优势，BIM 成为贯穿建筑全生命期最理想的数据载体，而 BIM 中"I"，information（信息）的价值以及其利用效率，也得到进一步挖掘。当然，仅有海量数据和信息是不够的，数字化更大的价值在于所有的数据都能够集中交互、连接和流通。建筑业一直拥有海量的数据，但以前苦于没有好的技术对现场各要素以及全过程的数据进行及时、完整的采集和存储，并进行科学的提炼与应用。而通过 2019 年报告中的几个 BIM 应用案例，我们看到了 BIM 和物联网、人工智能、大数据等新技术的结合带来的数据的集中交互，使得数据在此部门解构，在彼部门或者更高一层的决策支持中重构，实现数据互通、业务协同，而这一切甚至不需要通过任何形式的额外的人为沟通，这让跨部门、跨组织的业务合作更为高效。同时，更加及时、准确、完整的数据支撑也使得决策过程更智能，结果更合理。

未来，随着施工企业数字化转型的不断深化，BIM 技术和云、大、物、移、智等数字技术无缝衔接，与施工业务深度融合，从而优化整个建造过程；同时，企业以 BIM 技术为载体，将逐渐完成数据闭环，打通全流程，实现协同共享，数据的价值也因此愈发凸显；企业数据资产的积累也将提升、完善并丰富行业价值链，推动产业升级。

广联达科技股份有限公司总裁

目 录

9

第1章 建筑业企业 BIM 应用——现状分析

BIM 技术的应用每年都在发生变化，随着实践的不断深入和数字化技术的集成应用，BIM 技术的应用已经和企业转型密不可分，越来越多的建筑业企业对其应用和推广更加重视。报告编写组希望通过对 BIM 技术在国内的应用现状进行调查、分析与总结，结合建筑业 BIM 技术的环境与发展，客观描述建筑业 BIM 技术应用的发展情况，以供建筑业企业进行参考。

1.1 BIM 技术在建筑业数字化转型下的应用

1.1.1 建筑业 BIM 技术的应用背景

习近平总书记在 2019 新年贺词中提出："这一年，中国制造、中国创造、中国建造共同发力，继续改变着中国的面貌。"这是我国首次提出"中国建造"的理念，这一举措为整个建筑业的变革注入了新的活力。在 2019 年政府工作报告中有诸多内容对建筑业构成利好：降低税率、优化审批、扩大投资、推动共建"一带一路"等。深化增值税改革，将交通运输业、建筑业等行业现行 10% 的税率降至 9%，确保主要行业税负明显降低，继续向推进税率三档并两档、税制简化方向迈进；优化审批方面，开展工程建设项目审批制度改革，使全流程审批时间大幅缩短。推行网上审批和服务，抓紧建成全国一体化在线政务服务平台；合理扩大有效投资，紧扣国家发展战略，加快实施一批重点项目。利好的运行环境给建筑业向高质量发展的转型之路奠定了良好的基础，而要做到这些，行业的数字化能力将成为重要的基础。

数字化变革已经不是选择，而是唯一出路。在全球进入数字经济时代的背景下，各行各业都在开展数字化转型，数字技术改变了很多行业，比如制造业。制造业是与建筑业较为接近的一个行业，该行业的企业通过数字化技术实现了产品生产的高度精细化，如特斯拉、苹果、波音等公司。相较之下，目前我国建筑业高污染、高能耗、低效率的现象依然存在，数字化仍在低位运行，建筑企业利润率普遍较低。要摆脱建筑业发展的窘境，就必须利用数字化手段，改变原有落后的生产方式和管理模式，促进建筑企业可持续发展，实现建筑行业的转型升级。

但现阶段建筑业企业的利润率整体偏低，成本管控能力需要进一步提升。2018 年 7 月 19 日，《财富》（中文版）发布的世界 500 强排行榜中，建筑业共有 11 家企业上榜，其中中国建筑业企业就占了 7 个名额。从营收规模看，上榜的中国建筑业企业 2017 年平均营业收入是外国建筑业企业的 1.65 倍；但在盈利能力上，中国建筑业企业 2017

年的净利率为 1.84％，外国建筑业企业的净利率为 4.68％。可见，建筑业企业亟需通过数字化技术提升盈利能力。

BIM 技术作为数字化转型核心技术，与其他数字技术融合应用将是推动企业数字化转型升级的核心技术支撑。建筑产品的独特性，建造过程中按工序施工结算的特性，致使建筑工程建造过程标准化程度不高、流水施工不畅，这也是目前数字化技术大多只能服务于某一过程、某一环节，技术碎片化严重的重要原因。"BIM＋云平台""BIM 与大数据、物联网、移动技术、人工智能"等集成应用，将改变施工项目现场参建各方的交互方式、工作方式和管理模式，形成"BIM＋项目管理"的创新管理模式。在《建筑业企业 BIM 应用分析暨数字建筑发展展望（2018）》调查中显示，认为 BIM 技术与项目管理信息系统的集成应用，实现项目精细化管理将成为未来趋势的比例高达 74.5％。BIM 技术已经逐步深入到包括成本管理、进度管理、质量管理等各个方面，BIM 技术与管理的全面融合成为 BIM 应用的一大趋势。同时，有越来越多的企业已经将 BIM 的应用从项目管理逐渐延伸到企业经营层面。企业通过应用 BIM 技术，实现了企业与项目基于统一的 BIM 模型进行技术、商务、生产数据的统一共享与业务协同。保证项目数据口径统一和及时准确，实现了企业与项目的高效协作，提高了企业对项目的标准化、精细化、集约化管理能力。此外，BIM 技术也逐渐从施工阶段为主的应用向全生命期应用辐射。BIM 作为载体，能够将建筑在全生命期内的工程信息、管理信息和资源信息集成在统一模型中，打通设计、施工、运维阶段的业务分块割裂、数据无法共享的问题，实现一体化、全过程应用。

从数字技术的发展来看，随着物联网、移动应用等新的客户端技术的迅速发展与普及，依托于云计算和大数据等服务端技术实现了真正的协同，满足了工程现场数据和信息的实时采集、高效分析、及时发布和随时获取，进而形成了"云加端"的应用模式。这种基于网络的多方协同应用方式与 BIM 技术集成应用，形成优势互补，为实现工地现场不同参与者之间的实时协同与共享，以及对现场管理过程的实时监控都起到了显著作用。基于云计算的部署模式未来将主导 BIM 市场。BIM 与项目管理系统的集成应用，将提高工程项目管理过程中的各业务单元之间的数据集成和共享，有效促进技术、生产和商务三条管线的打通与协同，更好地支持方案优化，有力地保证执行过程中造价的快速确定、控制设计变更，减少返工，降低成本，提高质量，大大降低合同执行的风险。

1.1.2 建筑业 BIM 技术的应用环境

1. BIM 技术应用的政策环境

为了更好地实现建筑业的数字化转型升级，近些年政府以及行业管理机构对 BIM 技术发展的重视力度持续加强。2011 年住房城乡建设部发布《2011～2015 年建筑业信息化发展纲要》，第一次将 BIM 纳入信息化标准建设内容；2013 年推出《关于推进建筑信息模型应用的指导意见》；2014 年《关于推进建筑业发展和改革的若干意见》中提到推进建筑信息模型在设计、施工和运维中的全过程应用，探索开展白图代替蓝图、数字化审图等工作；2015 年《住房城乡建设部关于印发推进建筑信息模型应用指导意见的通知》中特别指出 2020 年末实现 BIM 与企业管理系统和其他信息技术的一体化集成应用，新立项项目集成应用 BIM 的项目比率达 90％；2016 年发布《2016～2020 年建筑业信息化发展纲要》，BIM 成为"十三五"建筑业重点推广的五大信息技术之首。

进入 2017 年，国家和地方加大 BIM 政策与标准落地，《建筑业 10 项新技术（2017 版）》将 BIM 列为信息技术之首。国务院于 2 月发布《关于促进建筑业持续健康发展的意见》提到加快推进建筑信息模型（BIM）技术在规划、勘察、设计、施工和运营维护全过程的集成应用。住房城乡建设部于 3 月发布《"十三五"装配式建筑行动方案》和《建筑工程设计信息模型交付标准》；于 5 月发布《建设项目工程总承包管理规范》提到采用 BIM 技术或者装配式技术的，招标文件中应当有明确要求：建设单位对承诺采用 BIM 技术或装配式技术的投标人应当适当设置加分条件；《建筑信息模型施工应用标准》提到从深化设计、施工模拟、预制加工、进度管理、预算与成本管理、质量与安全管理、施工监理、竣工验收等方面，提出建筑信息模型的创建、使用和管理要求。交通运输部于 2 月发布《推进智慧交通发展行动计划（2017～2020 年）》提到到 2020 年在基础设施智能化方面，推进建筑信息模型（BIM）技术在重大交通基础设施项目规划、设计、建设、施工、运营、检测维护管理全生命周期的应用；3 月发布《关于推进公路水运工程应用 BIM 技术的指导意见》（征求意见函）提到推动 BIM 在公路水运工程等基础设施领域的应用。

2018 年以来各地纷纷出台了对应的落地政策，BIM 类政策呈现出了非常明显的地域和行业扩散、应用方向明确、应用支撑体系健全的发展特点。政策发布主体从部分发达省份向中西部省份扩散，目前全国已经有接近 80％省市自治区发布了省级 BIM 专项政策。大多数地方政策会制定明确的应用范围、应用内容等，有助于更好地约束 BIM 应用方向，评价·BIM 应用效果。同时更多的地区明确了 BIM 应用的相关标准及收费政策，有效地支撑了整体市场的活跃。

2019 年，关于 BIM 政策的发文更加频繁，上半年共发布相关文件 6 次。2 月 15 日住房城乡建设部发布《关于印发〈住房和城乡建设部工程质量安全监管司 2019 年工作要点〉的通知》指出推进 BIM 技术集成应用，支持推动 BIM 自主知识产权底层平台软件的研发，组织开展 BIM 工程应用评价指标体系和评价方法研究，进一步推进 BIM 技术在设计、施工和运营维护全过程的集成应用。3 月 7 日住房城乡建设部发布《关于印发 2019 年部机关及直属单位培训计划的通知》，将 BIM 技术列入面向从领导干部到设计院、施工单位人员、监理等不同人员的培训内容。3 月 15 日国家发展改革委与住房城乡建设部联合发布《国家发展改革委　住房城乡建设部关于推进全过程工程咨询服务发展的指导意见》指出：要建立全过程工程咨询服务管理体系。大力开发和利用建筑信息模型（BIM）、大数据、物联网等现代信息技术和资源，努力提高信息化管理与应用水平，为开展全过程工程咨询业务提供保障。3 月 27 日住房城乡建设部发布《关于行业标准〈装配式内装修技术标准（征求意见稿）〉公开征求意见的通知》指出：装配式内装修工程宜依托建筑信息模型（BIM）技术，实现全过程的信息化管理和专业协同，保证工程信息传递的准确性与质量可追溯性。4 月 1 日，人社部正式发布 BIM 新职业：

建筑信息模型技术员。4 月 8 日、9 日住房城乡建设部发布行业标准《建筑工程设计信息模型制图标准》、国家标准《建筑信息模型设计交付标准》的公告。进一步深化和明晰 BIM 交付体系、方法和要求，为 BIM 产品成为合法交付物提供了标准依据。

行业在推行 BIM 技术初期重点在概念和标准政策体系的建立，2014 年后逐步深入到从设计到施工再到运维的全过程应用层面，硬性要求应用比率以及和其他信息技术的一体化集成应用，同时开始上升到管理层面，开发集成、协同工作系统及云平台，提出 BIM 的深层次应用价值，如与绿建、装配式及物联网的结合，"BIM＋"时代到来，使 BIM 技术深入到建筑业的各个方面。

2. BIM 技术应用的市场环境

与全球建筑业市场规模的稳定增长相比，全球建筑业信息化发展十分缓慢。根据 2019 年英国国家 BIM 报告调研数据，62％被调研者认为目前在采用数字技术方面，建筑业落后于其他行业。另一方面，建筑业信息化的需求却十分强烈，70％被调研者认为建筑业不采用数字化工作方式的人将会被淘汰；至于被淘汰的时间，82％被调研者认为到 2030 年，建筑业的运作方式将和现在产生巨大的变化。此外，根据美国联合市场研究（Allied Market Research）发布的《全球 BIM 市场》报告，2018 年的全球 BIM 市场规模约为 53.5 亿美元，到 2022 年，预计全球 BIM 市场收益将达到 117 亿美元，年复合增长率（CAGR）高达 21.6％。受益于建筑业的迅猛发展和政府强制使用 BIM 的支持性法规，亚太地区的市场需求将领涨全球，尤其是中国、印度等国家，持续大规模建设工程为 BIM 带来巨大的市场前景。

与庞大的建筑市场规模不相匹配，我国建筑业信息化处于极低水平。2014 年，我国建筑业信息化率仅为 0.03％，远低于国际建筑业信息化率 0.3％的平均水平。以当前极低的信息化率估算（假设达到 0.05％），2018 年建筑业信息化市场规模也只有区区 117.5 亿元。若以全球 0.3％的建筑信息化率估算，则 2018 年中国建筑信息化产业的市场空间约为 705 亿，国内建筑业信息化空间巨大。

当前，我国 BIM 市场处于开始发展阶段，规模小，但空间很大。截至 2017 年底，全国已有三个省市（上海、广东、浙江）发布了关于 BIM 收费的相关政策，用于指导地方的 BIM 收费标准。依据 BIM 应用深度，建筑工程中的 BIM 收费标准最高可达 50 元/m²，若以平均 30 元/m² 推算，2018 年中国 BIM 市场空间可达 628 亿元。而根据智研咨询数据，我国 2018 年我国 BIM 市场规模为 46.31 亿元，不到市场空间的十分之一。

随着以 BIM 为核心，云技术、大数据、物联网、移动应用，人工智能为代表的新一代信息技术的引入，建筑行业的信息化还面临着新的变化。上述变化为建筑行业信息化带来了极大的机会，信息化的范畴从过去的二维图纸进化到三维模型、从管理系统延伸到现场感知、从流程管理提升到数据采集，全新的 BIM 软件和物联网设备存在极大的市场空间。麦肯锡全球研究院的一项调查指出：建筑行业的科技研发投入不到 1％，远远落后于汽车业的 3.5％、航空业的 4.5％。而制造业过去二十年最大的投入就是模拟生产和自动化设备，参照该比例，建筑业的科技研发投入如果能够达到 3％，则意味着将会迎来约 7000 亿的市场空间！

3.传统技术与管理需求矛盾的日益突出

随着工程体量的快速增长，对工程的复杂度和工艺水平提出了更高的要求，传统技术与管理需求的矛盾日益突出。建筑工地是环境复杂、人员复杂的区域，存在施工地点分散、施工安全管理难、文明施工监管难、人员管理难、调查取证难等特点，政府监管部门很难有足够的人员巡查管理工地现场。现阶段我国建筑业企业在管理方面面临最普遍的问题就是项目数据和企业数据互不相通，企业要想真正实现项目的精益管理举步维艰。施工过程中，项目管理者之间的工程数据流通不及时、不准确、不高效，导致工期延误、工程质量无法得以保证。企业没有云存储技术，当相关人员想要获取某些数据时，不能及时得到，只能通过邮件传递，而在信息传递过程中主观篡改数据现象普遍，不能保证数据的有效性与真实性。无论是工地精细化管理的内在需求还是当代先进技术快速发展和综合应用的外在动力，建筑业都存在着向更加集成统一管理、高效协同工作以及更加自动化和智能化的智慧化方向发展的驱动力量。

解决项目管理中的种种顽疾，就需要新理念以及新技术的支撑，能够有效帮助建筑企业实现精细化管理和集约化经营，使企业真正实现全过程的数字化。信息化、智能化是当前科技发展趋势，作为传统行业的建筑业，其发展趋势必然是信息化、智能化、智慧化。"十三五"时期，建筑业将全面提高建筑业信息化水平，着力增强 BIM、大数据、智能化、移动通信、云计算、物联网等信息技术集成应用能力，建筑业数字化、网络化、智能化将取得突破性进展，初步建成一体化行业监管服务平台，数据资源利用水平和能力将明显提升。随着建筑业对信息化建设的不断深入，信息化建设越来越趋向具体工程项目的落地应用，即通过信息技术的集成应用改变传统管理方式，实现传统施工模式的变革，使施工现场更智慧。

1.1.3 建筑业 BIM 技术的发展与推广

1.BIM 技术应用的发展

这些年，随着 BIM 应用环境的不断完善，BIM 产品的逐步成熟，BIM 应用的价值逐步显现，BIM 应用正在进入到 BIM3.0 阶段。在这期间建筑业企业的 BIM 应用发展主要呈现出三大特征。

（1）从施工技术管理应用向施工全面管理应用拓展

BIM 技术的载体是模型，所以在施工阶段的应用也是从模型最容易产生价值的技术管理应用开始的。经过这些年的应用实践，BIM 应用以专业化工具软件为基础，逐步在深化设计、施工组织模拟等技术管理类业务中得到应用。按照项目管理"技术先行"的管理特征，技术管理成果和其他管理融合更有利于 BIM 技术的优势发挥和价值实现。

因此，BIM 技术不再单纯地应用在技术管理方面，而是深入应用到项目各方面的管理，除技术管理外，还包括生产管理和商务管理，同时也包括项目的普及应用以及与管理层面的全面融合应用。在过去几年的实践过程中，施工企业已经对 BIM 应用具备了一定的基础，对 BIM 技术的认识也更加全面。在此基础上，企业强烈需要通过 BIM

技术与管理进行深度融合，从而提升项目的精细化管理水平，为企业创造更大的价值。

过去两年的报告调研结果显示，认为 BIM 技术将与项目管理信息系统的集成应用，实现项目精细化管理的观点占比均超过了 70%。这也在很大程度上印证了多方协作更有利于 BIM 技术价值优势的体现，并且通过应用部门的增加可以均摊 BIM 应用投入的整体成本。

（2）从项目现场管理向施工企业经营管理延伸

在近些年的 BIM 应用实践过程中我们发现，BIM 应用不断深入的同时，其应用范围也在不断延伸。过去，BIM 应用主要聚焦在项目层面，解决项目不同业务岗位的技术问题，同时与项目管理业务集成应用，提升管理和协同效率。随着 BIM 应用的深入，逐渐形成从项目现场管理向施工企业经营管理延伸的趋势。企业通过应用 BIM 技术，可实现企业与项目基于统一的 BIM 模型进行技术、商务、生产数据的统一共享与业务协同；保证项目数据口径统一和及时准确，可实现公司与项目的高效协作，提高公司对项目的标准化、精细化、集约化管理能力。

一方面，施工企业在对项目的管理方面存在诸多问题，其核心主要集中在公司不能及时准确地获取项目信息，信息填报的滞后情况普遍存在，甚至有项目管理者擅自篡改数据的现象发生。对企业而言，项目就像是一个个信息孤岛，其全部信息无法得以实时掌握。BIM 技术在项目现场管理中的应用相较于传统的现场管理方式，可以更加及时、准确地记录并反映施工全过程信息，为公司实现集约化经营提供数据上的保障。

另一方面，施工企业在传统的管理过程中，制定的整体管理体系往往难以落实到项目层面，主要原因是公司难以对每个项目的所有过程全部监管到位，大多都只能停留在对可衡量的结果进行管理，对于例如质量、安全这种重点在对过程项进行的管理难度非常大。利用 BIM 技术可以实现对项目管理过程的全程跟踪，实现公司整体管理体系的有效落实，并且有据可查、有理可依。

（3）从施工阶段应用向建筑全生命期辐射

随着 BIM 技术在施工阶段应用价值的凸显，BIM 应用正形成以施工应用为核心，向设计和运维阶段辐射，全生命期一体化的协同应用。BIM 作为载体，能够将项目在全生命期内的工程信息、管理信息和资源信息集成在统一模型中，打通设计、施工、运维阶段分块割裂的业务，解决数据无法共享的问题，实现一体化、全生命期应用。

与设计阶段相比，施工阶段所产生包括人员、时间、财物等方面的成本投入相对更多。这些年施工企业在应用实践的过程中，通过 BIM 技术解决了很多设计阶段影响正常施工进度的问题，如果能在设计阶段将这类问题得以有效的解决，将在很大程度上节省项目投入的时间和经济成本。这就要求在设计阶段需要充分考虑施工可行性和经济性的需求，进行风险预控、管理前置，便于后期施工安全、有序进行，并且有利于降低项目建造成本，保证按期交付高品质产品。

现阶段很多业主单位不但要求施工阶段应用 BIM，还要求交付 BIM 竣工模型，以便于后期运营维护应用。在运维阶段，基于统一的竣工交付 BIM 模型关联各种图纸、设备信息，保证运维的数据和资源的准确和集中管理。同时，基于模型构件，通过物联网采集并集成动态运维信息，保证各种设施的可视化管理和正常运行，大大减少运维工作量，提升运维效率与科学性，从而实现运维成本的降低。

2. BIM 技术应用的推广

新技术的发展一定有其自身的规律可循，基于编写组成员多年以来持续对行业进行的调查总结与研究分析，总结出 BIM 技术的推广应用，企业需求是牵引，政策是引导，价值是基础，平台软件是工具。

政策的引导方面，我国的 BIM 标准已经初成体系，但与 BIM 应用领先的国家仍存在差距。随着国家层面的 BIM 标准陆续出台并逐步完善，地方性标准以及不同专业标准也相继成型，再加上企业自身制定的 BIM 实施导则，将共同构成完整的标准体系，指导 BIM 技术科学、合理的良性发展。同时，BIM 的发展也将影响着政府监管方式的改变。BIM 越来越普及的应用是政府开放信息平台、实行资源共享的有效手段。随之而来的"互联网＋"、智慧城市、绿色建筑、参数化设计，对政府监管方式也提出了新的要求。

应用的价值方面，新技术的革新都将伴随模式的变革，而 BIM 在项目的落地不仅仅是把模型建好、把数据做出来，更重要的是结合项目的管理，融入现有的管理模式，和管理强结合，进而优化流程和制度。BIM 的协作可以将管理前置，降低风险，让上下游各方直接受益。基于 BIM 平台的信息交互方式使得项目管理各参与方信息共享和透明，将原来各自为利的状态转化为追求项目成功的共同利益，从而实现各自利益最大化，推动管理模式的革新与升级。

平台的选择方面，BIM 的数字化属性与云计算、大数据、物联网、移动技术、智能技术具有天然结合优势，这为搭建多方数据信息协同的应用平台提供了支撑。推动企业 BIM 应用发展将会经历一段过程，在选择 BIM 平台时就需要从多方面考虑。值得一提的是，随着企业应用项目数量的不断积累，BIM 平台的信息数据安全就将成为企业最为关心的一大问题。从整个行业角度看，所有工程信息的数据安全甚至需要提升到国家层面来看待。这就要求我们应用自主研发的图形平台，以保证数据的安全性。

1.2 建筑业 BIM 应用情况调查与分析

1.2.1 建筑业 BIM 应用情况调查概述

为全面、客观地反映 BIM 技术在中国建筑业企业的应用现状，本报告编写组对全国建筑业企业 BIM 应用情况进行了调查。本章节主要呈现本次调查的结果与分析，针对调查数据和发现的客观事实进行描述，并对调查结果展开详细分析。

本次调查从 2019 年 3 月开始，至 2019 年 6 月截止，历时 4 个月时间，共收到有效问卷 868 份。问卷回收渠道及方式涵盖了"行业 BIM 技术会议调查""行业垂直媒体渠道调查""建筑业企业定向调查""手机微信渠道调查""电话与邮件调查"等，覆盖岗位涉及企业主要负责人、企业部门负责人、企业总工、项目经理、项目总工、企业/项目 BIM 技术负责人、BIM 技术人员、技术/商务/生产管理人员、技术员等。从受访者岗位类别可以看出，调查覆盖了企业核心 BIM 应用各相关层级。

本次调查旨在根据受访者的不同角色，了解各类被调查对象 BIM 应用情况以及对 BIM 应用发展趋势的判断情况。同时题目还涵盖了企业、项目、岗位各层级的问题，从而更加全面地反映出施工阶段不同层级项目管理以及 BIM 技术应用的真实情况。参与本次调查的人员所在单位类型包括施工总承包单位、专业承包单位、施工劳务单位、咨询单位等。

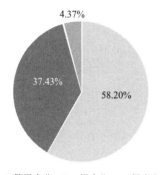

图 1-1　被调查对象企业资质情况

进一步的统计表明，在施工总承包单位的被调查对象中，特级资质企业占比最多，达 58.20%；其次是一级资质企业，占比 37.43%；二级资质企业占 4.37%，如图 1-1 所示。从单位类型来看，本次调查对象更多来自于施工总承包单位，有 756 人次，其中 95% 以上的受访者均来自特级或一级资质的施工总承包单位。

本次被调查对象的工作角色以 BIM 中心人员和管理层人员为主，按照公司岗位划分，集团/分公司 BIM 中心负责人和集团/分公司 BIM 中心技术人员最多，分别占 23.16%、14.06%；占比超过 10% 的还有项目上的技术员、集团/分公司部门负责人、项目经理/总（副）工程师，分别占 11.98%、11.64%、10.25%，如图 1-2 所示。

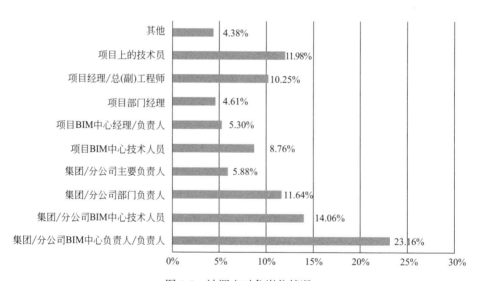

图 1-2　被调查对象岗位情况

根据统计结果显示，被调查对象中工作年限在 15 年以上的人员有 193 人，占 22.24%；拥有 11～15 年工作经验的有 158 人，占 18.20%；6～10 年工作经验的有 207 人，占 23.85%；3～5 年工作经验的有 150 人，占 17.28%；工作年限在 3 年以下的有

160 人，占 18.43%，如图 1-3 所示。由此可见，在本次调研中，参与调查的对象在工作年限上分布相对均衡。

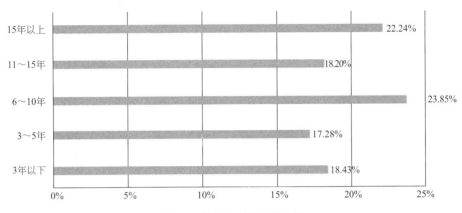

图 1-3 被调查对象工作年限

综上所述，参与本次调研的被调查对象以施工总承包单位为主，其中又以总承包企业中的特、一级企业居多；工作角色方面则以主要从事 BIM 技术应用相关工作的管理层及技术人员为主，以集团/项目部门负责人、项目经理及总（副）工程师、项目上的技术员为辅；从受访者的工作年限以及地域分布情况来看，被调查对象的分布相对均衡。

1.2.2 建筑业 BIM 应用现状

从企业 BIM 应用的时间上看，已应用 3~5 年的比例最高，达到 31.57%；其次是应用 1~2 年的企业，占 22.00%；应用不到 1 年的企业占 19.35%；已应用 5 年以上的企业有 18.55%，如图 1-4 所示。从不同类型企业上看，有企业资质越高，BIM 技术应用时间越长的趋势。其中，特级企业 BIM 的应用时间明显长于其他类型企业，特级企业应用时间超过 3 年的比例已超过半数，高达 64.55%。

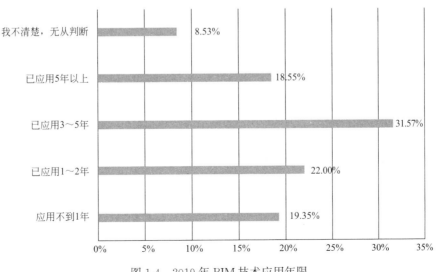

图 1-4 2019 年 BIM 技术应用年限

与 2017 年的应用情况相比，经过两年的发展，我国建筑业 BIM 技术应用情况有了明显的提升，应用超过 3 年的企业占比已经从 22.7％大幅提高到 50.12％，如图 1-5 所示。可见，有越来越多的建筑业企业选择了拥抱 BIM。

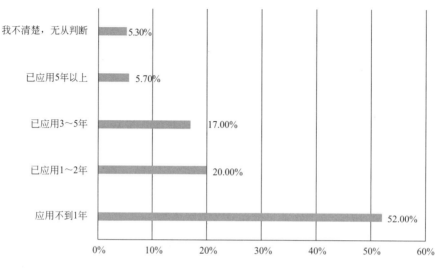

图 1-5　2017 年 BIM 技术应用年限

从企业应用 BIM 技术的项目数量来看，大多数企业开展 BIM 技术应用的项目数量并不多，有 52.07％的企业使用 BIM 技术开工数量在 10 个以下，项目开工量在 10～20 个的企业占 13.94％，如图 1-6 所示。值得一提的是，其中有 7.03％的企业项目开工量在 50 个以上，可见已经有一部分企业在 BIM 应用发展上走在了前面。此外，详细数据显示，特级资质企业应用 BIM 技术的项目开工数量远高于其他类型企业，更是有 12.95％的特级企业应用 BIM 技术的项目数量超过 50 个。与 2017 年的应用情况相比，项目开工量在 10 个以上的企业占比提升了将近一倍，从之前的 16.9％提高到 33.07％，如图 1-7 所示。

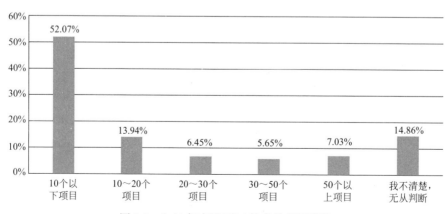

图 1-6　2019 年应用 BIM 技术的项目情况

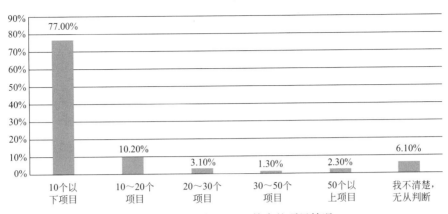

图 1-7　2017 年应用 BIM 技术的项目情况

根据进一步的调查，有 14.98％的企业在项目上全部应用了 BIM 技术，24.54％的企业在项目上应用 BIM 技术的比例超过 50％，但项目应用比例少于 25％的企业仍然是大多数，占比 34.79％，如图 1-8 所示。

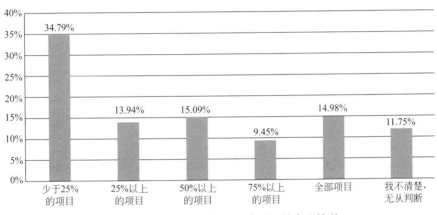

图 1-8　2019 年应用 BIM 技术项目的占比情况

在 BIM 组织建设方面，只有 18.09％的企业还未建立 BIM 组织，同时建立公司层 BIM 组织和项目层 BIM 组织的企业最多，达 33.76％，如图 1-9 所示。这一数据与 2017 年的调查情况相去甚远，2017 年未建立 BIM 组织的企业多达 40.6％，而既建立了公司层 BIM 组织又建立了项目层 BIM 组织的企业仅有 17.2％。该组数据表明，有更多的企业已经在组织架构层面设立了 BIM 团队，现阶段建筑企业对 BIM 技术的重视程度与投入力度可见一斑。

此外，据调查数据显示，公司成立专门组织进行 BIM 应用（占 64.52％）是现阶段开展 BIM 工作的最主要方式，只有 10.37％的企业还是以委托咨询单位完成 BIM 应用的方式，如图 1-10 所示。与 2017 年相比，委托咨询单位完成 BIM 应用的企业比重下降明显，更进一步分析，现阶段企业更加重视培养企业自身 BIM 应用能力，而不是单纯依靠咨询机构。

对于 BIM 模型的获取，更印证了这一观点，将近八成的企业都会自行创建 BIM 模型，其中 42.17％的企业由项目成立的 BIM 工作组负责创建，36.06％的企业由公司

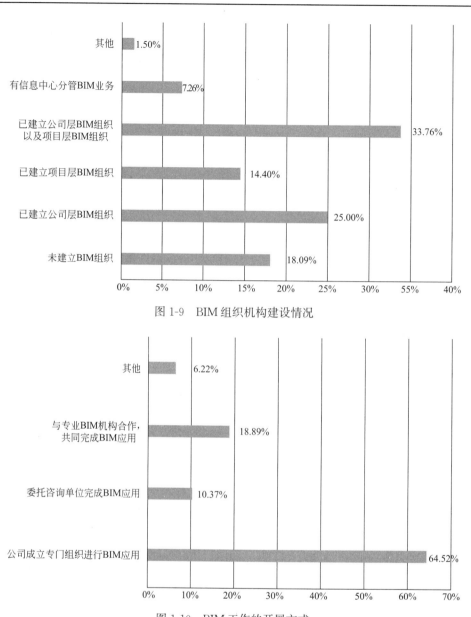

图 1-9　BIM 组织机构建设情况

图 1-10　BIM 工作的开展方式

BIM 相关部门负责创建，仅有 8.29% 的企业将创建 BIM 模型的工作交予建模公司进行，如图 1-11 所示。

在资金投入方面，企业投入的力度相对均衡。其中，投入资金在 10 万～50 万元的企业所占比例最高，为 19.93%；其次是投入 100 万～500 万元的企业，占 17.17%；投入在 50 万～100 万元以及投入 10 万元以内的企业分别占 16.47% 和 10.48%；投入高于 500 万元的企业占比 8.87%，如图 1-12 所示。从不同资质企业角度看，特级资质企业对 BIM 技术的投入远高于其他。值得一提的是，2017 年度调查中投入在 10 万以内的企业占 32.9%，而 2019 年企业的投入普遍高于 10 万元，可见企业对 BIM 技术的资金投入也有明显上升的趋势。

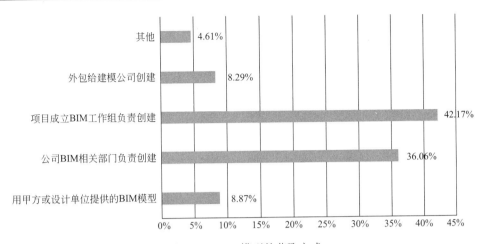

图 1-11　BIM 模型的获取方式

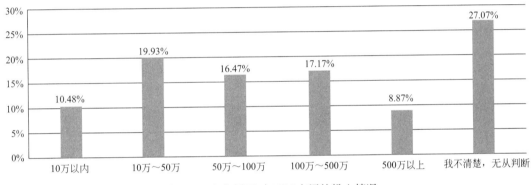

图 1-12　企业层面对 BIM 应用的投入情况

　　关于 BIM 技术应用的项目情况，主要集中在甲方要求使用 BIM 的项目、建筑物结构非常复杂的项目和有评奖或认证需求的项目，占比均超过了四成，分别占 45.95%、42.86%、41.59%，其次是需要提升企业管理能力的项目和需要提升公司品牌影响力的项目，分别占比为 37.79% 和 37.56%，如图 1-13 所示。从趋势上，与 2017 年的统计数据相比，排在最前面的还是甲方要求使用 BIM 的项目，且从排名上看没有显著变化，但各类需求的比例都有了明显的提高，这也说明企业对应用 BIM 的需求愈发趋于明确。

　　从进一步的调查结果中我们发现，无论企业资质如何，对于工期紧预算少的项目应用 BIM 技术均是最少的，这一数据反映出现阶段 BIM 技术在解决项目成本、进度方面还很难为项目带来更大的改变。此外，二级资质企业需要提升企业管理能力的项目和需要提升公司品牌影响力的项目占比相对高于其他。对于二级企业而言，结构复杂的大项目相对较少，这类型企业在 BIM 应用的方向上，以提升企业管理能力和企业品牌影响力为主要目标更为合适；对于一级资质企业而言，对对 BIM 应用的需求相对平衡，这也反映出此类企业需要通过 BIM 技术的应用提升企业的综合能力，进而实现企业竞争力的升级，如图 1-14 所示。

　　对于企业开展过的 BIM 技术应用，各类 BIM 应用分布相对比较均衡，其中开展最多的三项 BIM 应用是基于 BIM 的碰撞检查（占 66.71%）、基于 BIM 的专项施工方案

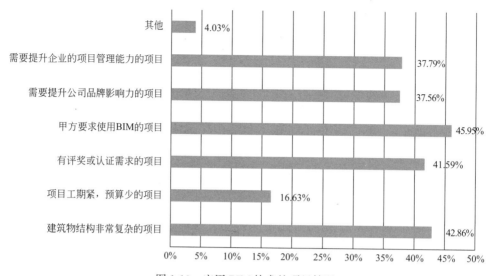

图 1-13　应用 BIM 技术的项目情况

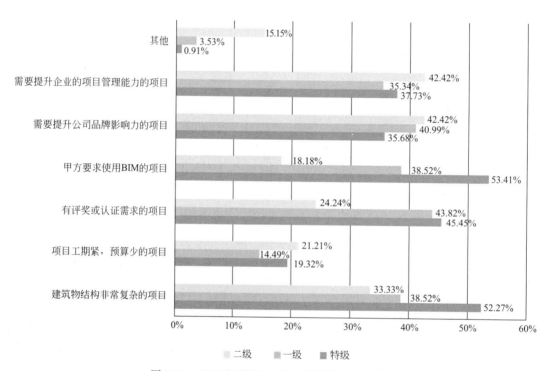

二级　一级　特级

图 1-14　BIM 应用驱动力与企业资质之间的关系

模拟（占 56.91%）和基于 BIM 的机电深化设计（占 56.91%），基于 BIM 的预制加工（占 22.47%）和基于 BIM 的结算（占 11.29%）略低于其他应用，如图 1-15 所示。

根据调查显示，项目的技术、商务、生产三方面业务内容的 BIM 应用已经全部有所覆盖，排在前面的依然是技术管理中较为成熟的业务，包括碰撞检查、方案优化等，基于 BIM 的投标方案模拟等商务应用紧随其后。这也符合这几年 BIM 软件和应用比较活跃的应用领域。与 2017 年不同的是，现场可视化技术交底的应用比例达到了 53.11%，质量安全等方面应用分别达到 47.24％和 43.43％，这远远超过了两年前，而据实际项目反映，技术交底、质量安全的 BIM 应用偏重于支持施工现场生产，与一直应用比较活跃的进度过程管理共同构成了生产业务线的主要应用。由此可以看出，经过这几年的 BIM 应用发展，无论是 BIM 软件种类、BIM 应用业务范围、BIM 应用点都得到了扩展和深入。

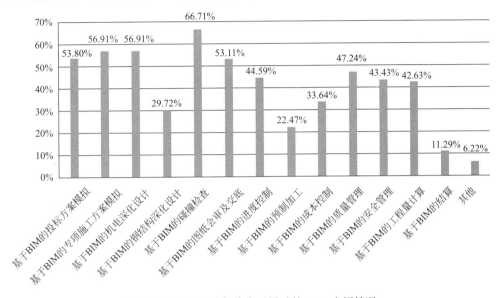

图 1-15　被调查对象单位开展过的 BIM 应用情况

针对被调查对象企业 BIM 技术应用的现状，总体上来看，有企业的资质越高 BIM 应用情况越好的明显趋势。这体现了整体发展水平更高、实力更强的企业对于 BIM 技术的重视程度相对也更高。但与两年前相比，一、二级资质的企业对于 BIM 技术的重视程度也逐渐提高，这也表明 BIM 的价值越来越被认可。

对于 BIM 应用现状，编写组进行了三方面的思考。首先是要遵循事物的发展规律，任何技术走向成熟应用都需要产生价值，这是新技术发展的规律。对于 BIM 技术而言，经过了这些年的实践总结出，想要发挥 BIM 技术的更大价值，就需要 BIM 技术的应用与管理进行结合。其次是要明确 BIM 技术的含义，从 BIM 的原生定义来看，BIM 即建筑信息模型，可是我们往往只关注了"模型"，忽略了"信息"的价值。在建筑业的发展中，无论是信息化大数据，还是国家所提倡的数字建筑、数字城市，背后都需要有"模型"和"信息"这两个方面来支撑，而且"信息"可能比"模型"更重要，这就要求把 BIM 中"信息"的应用进行不断的发展。最后是要正视企业的诉求，针对企业的管理而言，一线的信息数据几乎很难做到同步采集和层层传递，渐渐就形成了信息化推进的瓶颈，就是我们常说的最后一公里的信息孤岛，而 BIM 技术可以成为连接这些孤岛的桥梁。BIM 的可视化、集成性、协同性，使得模型和信息的结合能够贯穿建筑全生命期，从而满足企业的管理需求。

1.2.3　建筑业 BIM 应用发展情况

从统计数据上看，企业在制定 BIM 技术应用规划的情况差强人意，已经清晰的规划出近两年或更长时间 BIM 应用目标的企业占比最高，为 48.96%；有一部分的企业处于正在规划还没形成具体内容的情况（占 9.79%）；仍有 10.02% 的企业在 BIM 应用上没有具体规划，就是在几个项目上用着看；此外，有 31.22% 的受访者不清楚企业在 BIM 方面的规划，如图 1-16 所示。进一步统计发现，特级资质企业中有 61.82% 已经清晰的规划出近两年或更长时间 BIM 应用目标，仅有 6.14% 没有规划。从企业资质角度讲，有资质越高，BIM 技术应用规划越完善的趋势，这也符合行业的真实情况。

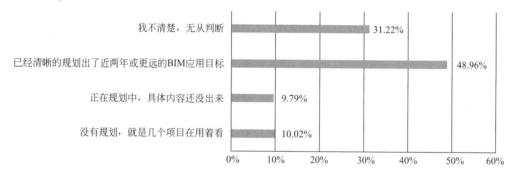

图 1-16 2019 年 BIM 技术应用规划的制定情况

与两年前相比，企业在制定 BIM 技术应用规划方面的重视程度有了显著的提升，2017 年还有将近六成的企业没有具体的规划内容，而现阶段这项数据只剩下了不到两成，如图 1-17 所示。

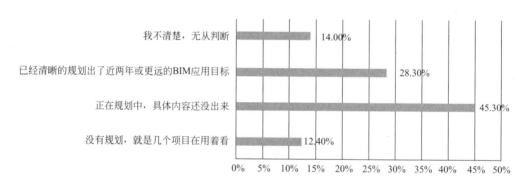

图 1-17 2017 年 BIM 技术应用规划的制定情况

此外，进一步数据表明 BIM 技术应用的时间越长、项目数量开展的越多，有清晰的 BIM 应用目标规划的比例越高。应用 5 年以上的企业中已经清晰的规划出了 BIM 应用目标的占 78.26%，仅有 3.73% 对 BIM 应用没有规划，如图 1-18 所示。应用 BIM 技术 50 个以上项目的企业已经清晰的规划出了 BIM 应用目标的占比均超过八成，应用 BIM 技术 50 个以上项目的企业更是有 85.25% 有清晰明确的规划，如图 1-19 所示。由此可见，企业是通过不断地 BIM 应用实践，逐步明确并总结出适合于企业自身的 BIM 应用规划方案，这同样也符合新技术应用的发展规律。

对于企业现阶段 BIM 应用的重点，让更多项目业务人员主动运用 BIM 技术是多数企业的最重要工作，占比 39.40%；其次是建立专门的 BIM 组织和应用 BIM 解决项目

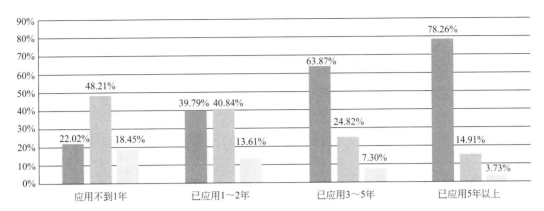

图 1-18　应用年限与 BIM 应用规划的关系

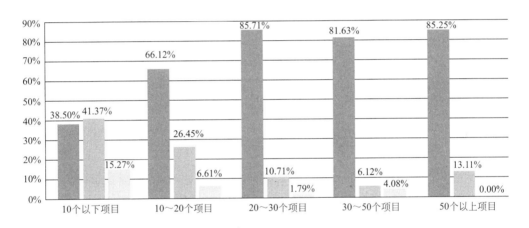

图 1-19　应用项目数量与 BIM 应用规划的关系

实际问题，分别占 19.93％和 19.59％；有 16.71％企业的 BIM 工作重点是寻找如何衡量 BIM 带来的经济价值的方式，如图 1-20 所示。其中，BIM 技术应用时间越久、项目数量开展越多的企业，对项目业务人员主动应用 BIM 技术的需求越迫切。

此项调查结果与前两年大体一致，其中让更多项目业务人员主动运用 BIM 技术占比提高了将近 10％。经过了一段时间的 BIM 应用实践，企业对 BIM 应用的认识也愈发成熟，应用 BIM 技术的目的是为企业带来价值，这就要求 BIM 应用一定要落实到项目的实际工作中去，通过项目的实际应用，培养专业人员能力、归纳总结 BIM 应用流程、形成 BIM 实施方法，并结合企业层面的规范，形成企业层面的 BIM 应用制度，从而通过 BIM 技术为企业的发展带来更大的帮助。

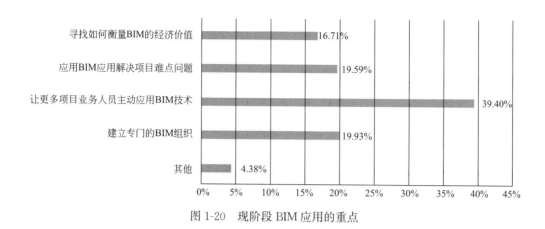

图 1-20　现阶段 BIM 应用的重点

对于 BIM 应用方法的定义，认为不同项目类型的 BIM 应用方案集是 BIM 应用方法的占比最多，达到 72.47%；其次是不同岗位的 BIM 应用内容清单和输出成果，占 66.36%；认为不同应用内容对应的软件匹配方法和不同应用内容对应的数据集成方法的分别占比 62.21% 和 49.65%，如图 1-21 所示。

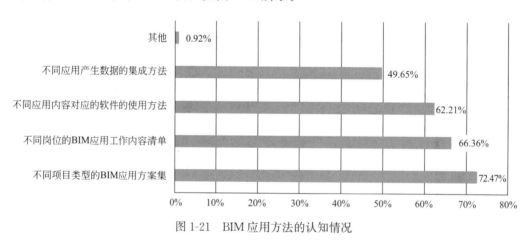

图 1-21　BIM 应用方法的认知情况

从推进 BIM 过程中总结应用方法的重要性角度，65.32% 的被调查对象认为应用方法是推进 BIM 应用的必要条件；25.58% 受访者认为方法对推进 BIM 应用能起到较大帮助；仅有 1.15% 受访者认为方法对推进 BIM 应用起不到帮助，如图 1-22 所示。

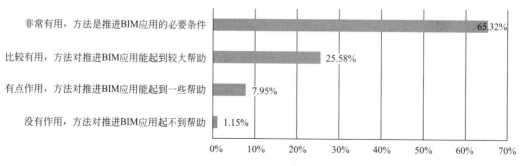

图 1-22　总结 BIM 应用方法的重要性

详细数据表明，越是 BIM 应用时间长的企业，越是认为 BIM 应用方法总结是一项重要的工作。其中应用超过 5 年的企业认为总结方法非常有用的企业占比高达 81.99%，如图 1-23 所示。此外，企业开展的 BIM 应用项目数量越多，越认为 BIM 应用方法的总结非常有用。应用项目不到 10 个的企业认为方法总结非常有用的占比为 60.18%，而应用超过 30 个项目的企业认为方法总结非常有用的均超过八成，如图 1-24 所示。

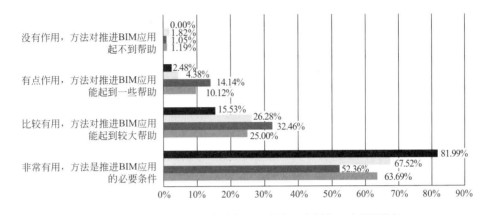

图 1-23　应用年限与总结 BIM 应用方法重要性的关系

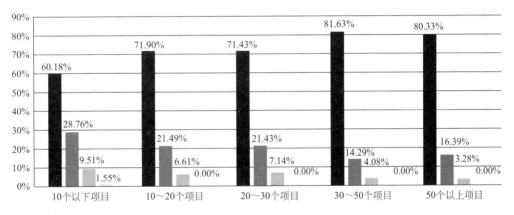

图 1-24　应用项目数量与总结 BIM 应用方法重要性的关系

深层次分析可以发现，随着 BIM 应用的积累，企业更有意识并且更加重视对方法的总结，总结的应用方法可以对后续项目 BIM 应用起到指导和借鉴作用。BIM 作为新技术应用，应该遵循科学的实施方法，包括科学规划、配套保障、应用标准评价等内容，正确的实施方法对 BIM 应用效果和价值的发挥具有关键作用。所以说企业的 BIM 应用是要依靠更多的实践并总结，并且通过反复的实践与总结过程才能得到企业应用能力提升的，这种方式也遵循了熟练掌握新技术应用能力的普遍规律。

从对自身 BIM 应用能力的信心方面看，受访者对自己在 BIM 方面的知识和技术还是很有信心的，超过五成对自身 BIM 技术能力的信息高于中间水平，其中 33.06％的受访者对自身的 BIM 能力非常有信心，29.49％的受访者比较有信心，信心不足的受访者只占 10％左右，如图 1-25 所示。此项数据可以看出，经过这些年的实践与探索，越来越多的 BIM 人才更好的掌握了 BIM 方面的应用，这些 BIM 人才是推动 BIM 发展的重要因素，能够在很大程度上促进 BIM 技术在全行业的推广与应用。

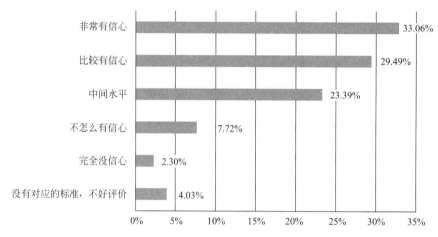

图 1-25　对自身 BIM 技术能力的信心

另一项数据表明，企业最希望通过 BIM 技术得到的应用价值排在前三位的依次是提升企业品牌形象，打造企业核心竞争力（占 61.87％）、提高施工组织合理性，减少施工现场突发变化（占 55.88％）和提高工程质量（占 40.78％）；企业对提升招投标的中标率的期望值相对最低，只有 15.09％，如图 1-26 所示。

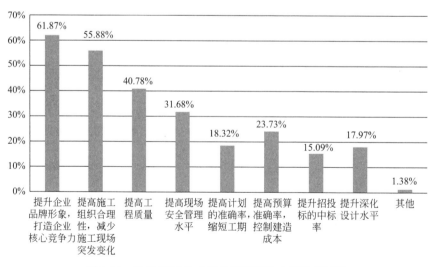

图 1-26　采用 BIM 技术最希望得到的应用价值情况

对于企业在实施 BIM 中遇到的阻碍因素，缺乏 BIM 人才已经连续三年成为大多企业共同面临的最核心问题，在今年的统计中其占比达到了 60.02％；其他主要阻碍因素包括企业缺乏 BIM 实施的经验和方法（占 50.23％）、BIM 标准不够健全（占 32.49％）项目人员对 BIM 应用实施不够积极（占 30.41％），如图 1-27 所示。

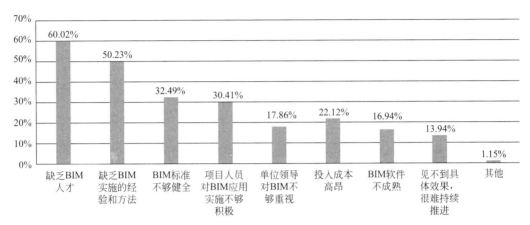

图 1-27　实施 BIM 中遇到的阻碍因素

从企业对于 BIM 人才的需求方面我们可以看出，BIM 专业应用工程师最受关注，占到 53.92％；其次是 BIM 模型生产工程师，占比 42.51％；BIM 项目经理和 BIM 专业分析工程师分别占到 32.26％ 和 32.14％，如图 1-28 所示。

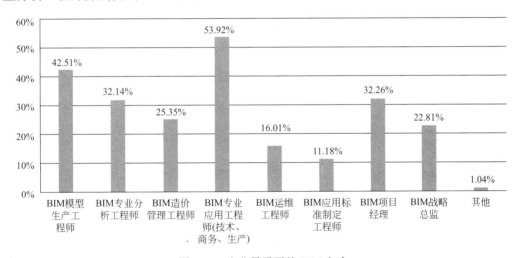

图 1-28　企业最需要的 BIM 人才

对于 BIM 应用的主要推动力，BIM 应用最核心的推动力来自于政府和业主，有超过 7 成企业认为政府是推动 BIM 应用的主要角色，占比 71.89％；选择业主是最主要推动力的占 48.50％；其次是施工单位（占 44.12％）和行业协会（占 36.64％），被调查对象认为科研院校（占 3.80％）和咨询机构（占 3.57％）对 BIM 应用的推动力最低，如图 1-29 所示。

从现阶段行业 BIM 应用最迫切要做的事来看，受访者普遍认为建立 BIM 人才培养机制和制定 BIM 应用激励政策对于企业来讲最为迫切，分别占 63.94％ 和 53.57％；其

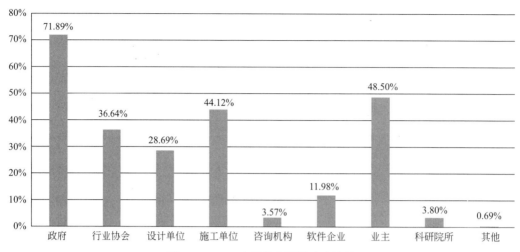

图 1-29　BIM 应用的主要推动力情况

次依次是制定 BIM 标准、法律法规（占 52.53％）、建立健全与 BIM 配套的行业监管体系（48.62％）；对于企业来说，开发研究更好、更多的 BIM 应用软件是最不紧迫的，仅占 25.46％，如图 1-30 所示。值得一提的是，与 2017 年的调查结果对比可以看出，选择制定 BIM 应用激励政策的受访者从倒数第二上升到了第二的位置上，这也证明了现阶段企业对于 BIM 应用激励政策的需求不断增长。

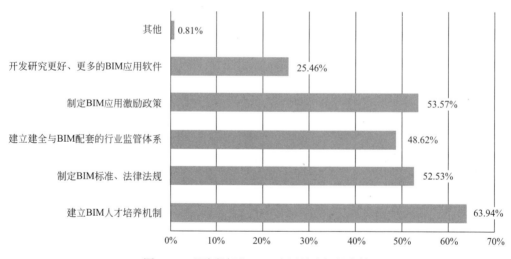

图 1-30　现阶段行业 BIM 应用最迫切的事情

关于影响未来建筑业发展的技术，受访者普遍认为大数据和云计算最为重要，分别占比 81.68％ 和 72.70％；其次是人工智能，占 57.83％；机器人和 3D 打印物联网占比相对较低，为 24.08％ 和 15.32％，如图 1-31 所示。

从 BIM 发展趋势看，与项目管理信息系统的集成应用，实现项目精细化管理占比达到 75.53％；其次是与物联网、移动技术、云技术的集成应用，提高施工现场协同工

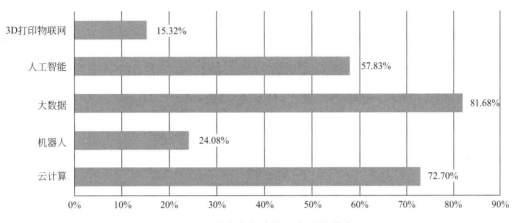

图 1-31　影响未来建筑业发展的技术

作效率，有 65.90％被调查对象认可这一趋势；其他被认可的趋势还包括与云技术、大数据的集成应用，提高模型构件库等资源复用能力（占 51.38％）和在工厂化生产、装配式施工中应用，提高建筑产业现代化水平（占 37.10％）；与 3D 打印、测量和定位等硬件设备的集成应用，提高生产效率和精度并不被企业看好，只有 12.67％的企业认可这一趋势，如图 1-32 所示。

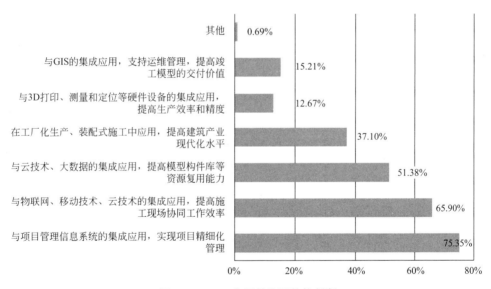

图 1-32　BIM 应用的发展趋势判断

对于如何看待 BIM 应用发展的情况与趋势，受访者普遍对 BIM 未来的发展持乐观态度；同时，认为 BIM 应用的发展趋势一定是要与业务结合，才能更好的体现出其技术价值，并且提倡将 BIM 技术与云计算、大数据、物联网、移动互联网、人工智能等数字化技术进行集成化应用，打造公司和项目层面的和数字化管理平台，进而实现企业乃至全行业的数字化转型升级。

1.3 建筑业 BIM 应用情况总结与展望

1.3.1 建筑业 BIM 应用情况总结

针对近三年进行的建筑业企业 BIM 应用情况调查，编写组总结了这些年企业在 BIM 应用过程中的一系列规律，并对这些规律进行总结归纳及具体化描述。

第一，对于企业而言，制定有效的 BIM 应用规划是落实 BIM 工作的重要方式之一。从调查结果上看，BIM 应用规划做得越具体明确的企业，其 BIM 应用效果相对越好，这也符合事物发展的客观规律。企业在制定 BIM 应用规划时，要结合企业自身情况，根据企业特点和应用需求，以及公司的转型战略，有针对性的制定合理的 BIM 应用规划，做到有目的、有目标，按节奏、分步骤的推进企业 BIM 技术应用的有序发展。

第二，BIM 人才是企业推行 BIM 应用的基础条件。在近三年的调查结果中显示，缺乏 BIM 人才均排在阻碍企业 BIM 发展的问题之首，可见培养 BIM 人才是企业最急迫需要解决的事情。对此，企业可以从加强 BIM 人才队伍建设、建立合理的 BIM 人才知识结构体系、完善人才发展机制等三方面入手，有针对性的解决此类问题。

加强 BIM 人才队伍建设，重点是实现专业性 BIM 人才逐渐向既懂技术和管理又懂 BIM 的复合型人才转变。BIM 人员要学管理，管理人员要学 BIM，将 BIM 技术成为专业岗位的必备技能。现阶段，企业培养掌握 BIM 技术本身能力的人员相对容易，但人员同时掌握施工技术和管理能力的难度相对更大，通常需要长期的项目实践经验的积累。所以企业在 BIM 人才建设工作中，要借助现有具备 BIM 技术能力的人员以及外部 BIM 咨询或 BIM 软件商的力量，着重培养懂施工技术和管理的人员学习 BIM 技术，来补强企业的 BIM 人才队伍。BIM 人才的培养，不需要每个人都拥有全面能力，需要结合岗位需要分层级和业务领域培养 BIM 人才知识结构体系，例如总工层面要有 BIM 应用的整体战略规划能力，BIM 经理层面要有 BIM 应用策划能力，专业岗位工程师要有操作 BIM 软件和系统的能力。BIM 人才的发展不能与企业人才培养发展机制分割开，而要与专业岗位的职业发展通道相融合。合理规划人才发展的职业通道，才能让更多复合型人才与专业人才成长和涌现。

第三，完善 BIM 应用相关机制的建设对于行业 BIM 应用的良性发展至关重要。BIM 应用需要企业内部、企业之间以及企业和政府部门之间的密切协调，建立横向、纵向的工作体系和联动机制，完善相关管理制度。企业需要重视 BIM 应用在企业管理标准化过程中的引领和带动作用，有必要通过 BIM 应用，进一步优化和完善标准化的管理制度，形成基于 BIM 技术的创新型管理模式。与此同时，完善激励机制也是重要环节。为了更好的推广 BIM 应用，企业应该建立创新、奖励与绩效评价等长效机制，确保具备主动应用 BIM 技术的动力。企业需要建立健全科学的考核评价体系，完善激励机制，将物质激励和精神激励相结合，通过考核、评价、奖励及惩罚的闭环流程，构建收益分配制度，实现企业 BIM 应用的可持续发展。

第四，企业管理需要建立统一的平台来支撑。数据不能是分散、割裂的，从数据集成价值最大化的角度出发，更迫切需要建立企业 BIM 平台，横向打通项目全生命期各个部门之间的联动，纵向与项目和岗位的 BIM 应用相集成。在使得作业层应用 BIM 提升效率的同时，数据也可以在云端平台上积累形成，企业可以实时获得真实有效的数据，并基于数据驱动进行经营管理和决策。通过企业 BIM 平台的构建，建立和形成企业的公共数据库，例如 BIM 构件库和标准化部品部件库等，形成企业的数字资产。通过企业 BIM 平台，实现企业各级组织在项目各阶段的任务协同、业务协同、数据协同，支撑生态系统的构建，进而实现产业链各方的共享协作，构建多方共赢、逐步形成协同发展的产业生态平台。同时，企业要提升风险意识，兼顾信息安全特别是国家层面的信息安全，鼓励应用国产 BIM 软件及平台。

1.3.2　建筑业 BIM 应用发展的展望

在 1.3.1 小节中我们总结了现阶段建筑业企业 BIM 应用的普遍规律，企业在推行 BIM 发展过程中，需要迅速找到有效的方法，更有针对性的推进 BIM 技术落地的步伐，从而更好地实现企业的数字化转型。作为企业数字化转型的关键技术路径，"双速 IT"可以更好的解决现阶段以 BIM 为核心的数字化技术在企业中的推动，进而为建筑业企业的数字化转型赋能。同时，"双速 IT"模式的驱动也将成为企业未来 BIM 应用发展的主要趋势。

1. 双速 IT 架构帮助企业灵活应对 BIM 应用的落地与创新

以 BIM 为核心的数字化技术已经加快了建筑业企业的创新步伐，为此很多企业已经被迫大幅提高 IT 体系对业务变革和创新的支持要求。但是，再造企业的整个 IT 架构总是面临着不可估量的高风险、高投资和高成本，而且此类变动本身也是成本高昂且旷日持久的过程。对此，企业可以选用双速 IT 架构的方案来应对。

双速 IT 架构包含两个并行的 IT 体系。其中一个体系是"敏捷 IT"体系，往往用于诸如进度管理、质量安全管理、物料管理等面向前端系统的开发和维护，追求敏捷快速、随需应变。各种数据的查询、计算及处理等应用逻辑经由敏捷开发形成一个个可独立维护更新的服务（微服务），并视业务逻辑需要组装成更复杂的业务流程，供不同业务部门调用。另一个体系则是"传统 IT"，通常用于诸如 ERP、供应链管理等偏后台的核心系统的开发和维护，注重稳定可靠和成本控制。两个体系之间的数据交换等交互，往往借助一个集成的中间件平台，采用松耦合的方式实现。

2. 打造双速 IT 有助于改善企业整体运作效率

建立双速 IT 中的"敏捷 IT"可能是整个 IT 组织敏捷转型的开始。"敏捷 IT"体系通常专注基于业务的管理流程，以及为了提升业务管理水平要求而需要迅速调整的流程。在很多情况下，"敏捷 IT"体系所倡导的敏捷工作方式甚至会对"传统 IT"体系内的开发及管理人员产生极大的触动，促使他们思考如何优化"传统 IT"体系工作方式，从而加快整个 IT 体系向更敏捷有效的相应业务诉求的方向转型。"敏捷 IT"也会影响与 IT 互动紧密的业务部门，并倒逼业务向更高效敏捷的方式转变。而且，这种转变还需要对交付模式进行改变，以便支持快速的交付周期，同时管控部门间的相互依赖关系。双速 IT 架构将更好的服务于建筑业企业对 BIM 应用工作推进的诉求，从而帮助企业更迅速的实现数字化转型。

以上是编写组针对建筑业企业 BIM 应用现状情况的描述、分析与总结，在后面的章节中还会通过更多视角对企业 BIM 应用发展情况展开更加全面的介绍。

第 2 章　建筑业企业 BIM 应用——专家视角

BIM 技术的应用是个相对复杂的过程，不同企业、不同岗位在具体应用中可能会遇到不同的问题，问卷调研受方式限制，无法全面的反映现阶段 BIM 技术的应用状况。为了能更加全面客观地了解现阶段建筑业企业 BIM 应用情况，在分析"情况调研"结果的同时，报告编写组邀请从事 BIM 相关研究的行业专家和来自不同岗位的应用实践者，结合自身 BIM 实践从不同的视角解读 BIM 应用中遇到的问题及思考，为企业推动 BIM 应用工作提供参考。

专家解读以访谈的方式进行，针对建筑业企业 BIM 应用推进情况，每位专家做了相对系统的分析和解读。结合各专家的不同行业背景，分析和解读的问题有所差异，或针对类似的问题不同专家从不同角度进行了总结，以下是各专家的访谈过程。

2.1　专家视角——许杰峰

许杰峰：中国建筑科学研究院有限公司总经理，中国图学学会副理事长、中国建筑业协会工程技术与 BIM 应用分会会长、中国建筑学会 BIM 分会理事长、中国工程建设标准化协会 BIM 专业委员会副理事长。

国家标准《建筑工程信息模型存储标准》主编，《建筑信息模型应用统一标准》主要起草人。"十三五"国家重点研发计划项目"基于 BIM 的预制装配建筑体系应用技术"负责人。承担着"BIM 发展战略研究"课题。在 20 多年的工作中，承担过多个工程项目的建设，精通建筑施工过程中的技术、流程，对项目管理和企业管理有独到的见解。作为中美交流团成员，对美国、加拿大等国的设计、施工企业 BIM 应用进行考察，组织研发了具有自主版权的 PKPM-BIM 设计协同管理平台、装配式建筑设计软件 PKPM-PC 以及施工综合管理平台。出版著作《"三合一"管理体系的理论与实践》。以下是许杰峰先生对 BIM 应用现状的观点解读。

1. 从推动行业 BIM 技术发展角度，您认为政府和企业理想的分工模式应该是怎样的？

BIM 作为塑造建筑业新业态的核心技术之一，在我国已经经过了十余年的快速发展。着眼全球，现在我国的 BIM 技术发展水平在诸多方面已经由当初的"跟跑"发展到现在的"并跑"甚至到"领跑"的阶段。在当前复杂的国际形势以及我国新常态的经济发展背景下，推动 BIM 技术发展应建立以企业为主体、市场为导向、政府引导并服务市场，产学研深度融合的技术创新体系。

对各方的定位进行明确。行业管理部门可结合实际情况制定对 BIM 在本行业、本领域的发展纲要，在 BIM 规划、标准制定、数据统计、评估评价、诚信体系建设等方面发力，发挥行业管理部门掌握 BIM 大数据的优势提出指导性意见、工作方案，引导 BIM 发展方向。目前我国一些企业的 BIM 技术创新水平已经处于世界前沿水准，既然是前沿领跑，也意味着市场和技术都存在一定的不确定性和风险性，其更重视市场选择的作用。行业管理部门应优化 BIM 创新市场环境，让企业的创新成果有市场检验和改进的机会。现在 BIM 审图、智慧城市、绿色施工监管、项目管控等领域，已有地方政府通过购买服务等方式推动企业的 BIM 创新性成果的验证工作，作为技术推手以推动我国 BIM 市场的培育。

共同进行技术研发。政府与企业的分工以及知识创造是一个相互依赖、相互促进、共同演化的过程。BIM 的标准和规范、基础共性技术、创新平台等需求导向的基础研究，例如 BIM 标准、BIM 平台、BIM 数据存储、图形引擎等，一般要以政府投入为主。应用软件开发和产业化阶段，这应该发挥市场选择的作用，新产品研制由企业根据市场价值对新产品研制进行决策。在 BIM 技术创新链的不同环节，市场化程度和风险不同，企业和政府的分工也不尽相同。"十三五"期间，我国政府已经采用产学研融合方式，在基于 BIM 的预制装配体系、绿色施工与智慧建造等领域的重大基础共性技术方面，进行了资金投入。

2. 随着 BIM 技术应用的不断成熟与进步，逐渐呈现出与其他数字化技术集成应用的特点，对此趋势您如何看待？

在以数字化、网络化、智能化为特征的信息化浪潮中，释放信息化发展潜能塑造建筑业新业态，创建基于 BIM 的信息化集成应用环境是必然的技术发展趋势。住房城乡建设部发布的《2016～2020 年建筑业信息化发展纲要》曾对"十三五"期间，建筑业信息化进程做出全盘规划。其核心就是增强 BIM、大数据、智能化、移动通信、云计算、物联网等信息技术集成应用能力，建成一体化行业监管和服务平台，形成一批具有较强信息技术创新能力和信息化应用达到国际先进水平的建筑企业。

BIM 技术的融合应用，对 BIM 技术的发展而言，既存在机遇也具有很大的挑战性。一方面说明我国 BIM 的实际应用价值已经被认可，例如 BIM 技术发展可解决多方跨阶段的协同难题、BIM 可作 CIM 精细化管理的数据载体等，BIM 技术应用的实力可为我国 BIM 产品的市场推广提供机遇。另一方面，BIM 技术如何融入政府监管流程、数据共享环境下如何保证 BIM 数据的安全、BIM 数据如何在全生命期数据传递与使用等方面，仍存在大量有待继续攻关的课题。

为了创造理想的 BIM 集成应用环境，BIM 技术应用推进应做好几项重点工作。第一，应进一步完善我国的 BIM 技术标准体系和 BIM 深化推广体系。以技术标准来促进专业 BIM 数据的开放，以推广来促进 BIM 的普及，带动 BIM 的示范应用范围，双管齐下降低 BIM 协同的技术交易成本；第二，制定 BIM 技术咨询和软件服务等企业的扶持政策，鼓励我国大中型建设单位与 BIM 软件、BIM 咨询企业协作，以需求为导向，研发符合建设工程实际需求的国产 BIM 应用协同管理、数据共享与专项应用软件；第三，探索市场化运作机制，完善我国 BIM 标准构件模型资源库和运行共享机制，避免重复建设及资源浪费，促进各方共同建设、使用、维护 BIM 构件库。

3. 从您的视角，如何评价国内外的 BIM 软件，在后期应用上您对国内软件有哪些期许？

目前，国内外 BIM 相关软件有几十种之多，其中国产软件的功能已经基本能够涵盖设计、施工及运维阶段的功能应用。2018 年住房城乡建设部针对"十三五"信息化的落实情况，对我国有代表性的一些软件公司的 BIM 产品进行了调研，调研反映出，国内各软件企业的建模及浏览的核心程序主要基于开源代码或国外软件的二次开发，国内软件在 BIM 底层图形技术的基础应用支撑方面投入较少。长期使用国外软件、底层技术、数据库，会造成无法摆脱的工具与数据依赖性，将来更换系统或迁移数据均存在较大难度。调研还显示在施工算量、造价等施工领域，国内软件产品竞争激烈。国内软件厂商熟悉国情，市场反应及时，管理类软件对图形引擎等难度非常大的底层基础技术要求也相对较低，所以在施工管理领域，比国外软件有优势。

BIM 技术可涉及 BIM 建设全过程的业务应用，众所周知，一个 BIM 产品不能涵盖所有应用，因为 BIM 软件既有解决某项专业问题的单项产品，也有增强 BIM、大数据、智能化、移动通信、云计算、物联网等技术的集成应用产品。国内 BIM 技术的应用在多方面已领先于世界，BIM 产品研发很少有先例可寻。无论何种 BIM 软件研发，都应该保持创新性思维，引导企业的业务需求而不是由企业提出需求，这样才有利于做到 BIM 新产品的产业化市场化。

BIM 只有实现协同才能发挥其最大价值，BIM 产品也应该在 BIM 数据共享与协同方面多发力。特别应在 BIM 机电数据库标准以及 BIM 专业数据交互技术标准方面，提倡 open-BIM。尽管目前我国已经颁布多项 BIM 国家行业以及地方标准，但这些标准多止于纸面，隔靴搔痒，不能落地于实际应用中。希望国内软件能够进一步提高共享性能，提供符合国内外标准或企业自身标准的公开数据输出接口，为 BIM 数据的多方协同提供技术支持。

4. 企业推广 BIM 应用过程中普遍存在哪些困难，有什么解决办法或思路？您如何判断 BIM 应用未来几年的发展趋势，建筑业企业该做好哪些方面准备工作？

目前看，企业在推广 BIM 过程中确实遇到一些困难。例如 BIM 的价值还未被充分认可。BIM 技术目前尚处于探索阶段，企业难以从技术的推广应用中获取效益。BIM 往往只会成为投标的噱头，而且 BIM 合同约束力不足，在 BIM 实施过程中虎头蛇尾，没达到 BIM 应有的价值。再如 BIM 技术先期的投入产出效益不高，技术因素限制、成熟的推广模式少，导致许多企业多在观望 BIM 技术的发展，领导的决心不足，资金不足，影响 BIM 在企业的推广进程。又如，建筑行业从业人员是推广和应用 BIM 技术的主力军，但由于国内 BIM 技术培训体系不完善、力度不足，实际培训效果不理想。而且 BIM 技术的学习有一定难度，从业人员在学习新技术方面的能力和意愿不足，也严重影响了 BIM 技术的推广。

我国建筑市场庞大，参与主体和参与潜量巨大，BIM 技术必将为我国建筑业的科技进步发挥重大作用，集成化应用、多角度应用、协同化应用、普及化应用已经成为 BIM

发展的趋势。为促进 BIM 的推广应用，建筑业企业应重点做好如下几方面工作。

深化 BIM 培训体系。发展 BIM 教育，提高人员层次。BIM 技术的发展需要理解 BIM 理念、掌握 BIM 方法和操作技术的专门人才。企业主管部门应发挥组织和引领作用，在资金投入以及组织建设方面，制订 BIM 匠人培训和考评方案并付诸实施，在企业内部形成对 BIM 人才的需求。

制定激励机制。可把 BIM 技术应用列入工程建设科技进步的评选条件，激励广大企业积极创建 BIM 技术示范工程。支持建立 BIM 技术研发中心，鼓励员工积极参加 BIM 社会考评或 BIM 大赛，大力促进企业的 BIM 技术推广应用。例如已经有中建系企业把 BIM 大赛以及 BIM 考试成绩与员工的绩效奖励挂钩，为企业烘托出一个 BIM 普及应用的良好氛围。

加强 BIM 示范应用。以点带面，从下向上推广 BIM。选拔 BIM 技术应用效益明显、具有可复制可推广经验的项目，作为企业 BIM 技术应用示范项目进行推广。采取试点示范与普及应用相结合的办法，一则可让中层以上领导看到实实在在的 BIM 实施效益，减少 BIM 推广难度，再者通过试点示范可形成可复制可推广的经验，指导面上推广，形成良性互动。

2.2 专家视角——马智亮

马智亮：清华大学土木工程系教授、博士生导师。主要研究领域为土木工程信息技术。主要研究方向包括建设项目多参与方协同工作平台、BIM 技术应用、施工企业信息化管理。曾经或正在负责纵向和横向科研课题 50 余项。发表各种学术论文 200 余篇。曾获省部级科技进步奖一等奖、二等奖、三等奖等多项奖励。最近 7 年，作为执行主编，每年编辑出版一本行业信息化发展报告，覆盖行业信息化、BIM 应用、BIM 深度应用、互联网应用、智慧工地、大数据应用、装配式建筑信息化。目前兼任国际学术刊物 Automation in Construction（SCI 源刊）副主编，中国土木工程学会计算机应用分会副理事长，中国图学学会 BIM 专业委员会副主任，中国施工企业管理协会信息化工作专家委员会副主任等多个学术职务。

1. 您认为 BIM 技术给建筑业企业的信息化建设和项目管理带来哪些层面的改变？

目前，建筑业企业信息化普遍的起点为办公自动化系统的导入和应用，信息化水平较高的企业导入和应用了综合项目管理系统，以至于企业资源计划（ERP）系统等信息系统。毫无疑问，建筑业企业先进的信息系统中均包含项目管理功能，为项目管理水平的提高提供工具保证。BIM 技术最初应用在技术方面，例如进行场景展示、碰撞检查、管线综合、工程量计算等。后来开始应用在管理方面，包括两方面：一方面，BIM 技术为建筑业企业信息化建设解决了"最后一公里"问题，即，一些基础管理数据，例如建筑层数、建筑构件数、构件之间的空间关系、构件的工程量等，可以从 BIM 模型直接或间接地导入，不再需要人工准备和录入，使信息化的推行难度大幅度降低。目前，在有的建筑业企业的信息系统中实现了这一点，从而有力地提高了建筑业企业的信息化水平。另一方面，BIM 技术的应用可以为管理人员提供更高水平的应用工具。举例说，我们研制了基于 BIM 的建筑工程质量管理系统。在建筑工程的质量管理中，如果应用该系统，质量检查点可以自动生成，应用它，质量管理人员在现场可以迅速找到需要检查的构件，并将相应的检查结果输入到系统中，从而避免遗漏检查点的现象发生。同时，检查结果可以通过信息系统被自动地汇总，生成验收记录表，从而减轻工作人员的负担，提高他们的工作效率。监理方和业主方可以在该信息系统中执行相应的工作流程，进行协同工作。另外，BIM 应用也可以为建筑业企业信息化建设培养人才，因为 BIM 应用和企业信息化的关键技术是相通的。

2. BIM 技术应用呈现出与其他数字化技术集成应用的特点，您如何评价这种趋势？

BIM 技术的起点和核心是 BIM 模型，该模型也为其他数字化技术的应用提供了必要的基础数据。以和三维激光扫描技术结合进行机电系统竣工验收为例，通过应用三维激光扫描技术，以点云的形式，快速获得施工后的机电系统现状模型，将该模型与设计 BIM 模型进行比较，即可迅速得知实际施工结果与设计 BIM 模型的偏差，从而可以用于指导施工人员进行整改。又如，BIM 技术可与数字化加工技术集成应用。其具体的原理是，BIM 模型不仅提供构件的几何信息，而且提供了属性信息，例如所用的材料、加工方法、加工精度等，在进行数字化加工时，就可以直接地、充分地利用这些信息进行。另外，建筑业企业信息化最终必然消除信息孤岛，其中 BIM 技术将起到核心作用。

考虑到建筑业企业信息化必将充分利用各种数字化技术，另外，建筑业企业的信息化发展也必将经历一个过程，BIM 技术与其他数字化技术的集成应用必将不断发展，并最终实现深度融合。在 2014 年发布的《中国建筑施工行业信息化发展报告——BIM 深度应用与发展》中，已经总结了 BIM 与 9 项新兴信息技术的集成应用，包括：GIS、云计算、3D 打印、项目管理、数字化加工、三维激光扫描、智能型全站仪、物联网、虚拟现实。在我国住房城乡建设部发布的《关于推进建筑信息模型技术应用的指导意见》中，特别是作为应用目标，提出实现 BIM 技术与企业信息系统集成的目标。因此，可以预计，随着 BIM 技术应用的深入发展，BIM 技术的应用将不再是单独的应用点应用，而是呈现出在企业信息系统中集成应用的态势。据目前的情况看，BIM 技术与其他新兴信息集成应用仍然方兴未艾。

3. 您认为 BIM 技术应用在建筑业数字化转型过程中起到哪些作用，对行业的数字化发展产生哪些方面的影响？

建筑业数字化转型的实质是充分利用各种数字化技术带来的可能性，实现建筑业的转型升级，其中，建筑业企业信息化是必要条件。当前，建筑业数字化转型的一个关键理念是数字建筑。数字建筑以 BIM 技术为基础，实现包含建筑实体与建筑虚体的数字孪生。其中，建筑虚体为建筑实体提供信息模型，可以用于在计算机中进行计算分析，而计算和分析结果，将用于指导建筑实体的建造。特别是通过 BIM 技术的应用，可以更好地实现多个不同应用系统之间的数据共享，从而可以提高建筑业信息化建设水平。

考虑到 BIM 技术在建筑业企业信息化进一步发展过程中起到的核心作用，它对行业的数字化发展至关重要，它的发展必将推动行业的数字化发展。BIM 技术对行业数字化的发展可能体现在以下几方面。第一，它为行业数字化奠定坚实的基础，因为绝大多数行业应用离不开 BIM 技术的支撑作用；第二，它为行业数字化的高度发展提供了必要的平台，因为行业数字化需要各种新兴信息技术的紧密集成，在其中 BIM 技术必不可少；第三，BIM 技术应用也可以为行业数字化培育人才，因为具有充分的 BIM 技术应用经验的人，将是最有条件推进行业数字化转型的人才。

当然，目前建筑业企业数字化转型刚刚开始，成功实现数字化转型的例子还很少。但这是大势所趋，就像河流滚滚向前不以人的意志为转移。建筑业企业实现数字化转型应先从广泛、深入地应用 BIM 技术、加强企业信息化建设做起。此外，还需要广泛借鉴其他行业，例如商业零售行业、消费互联网行业等的成熟经验才行。

4.您如何判断未来几年 BIM 技术应用的发展趋势？对此业界各方应该在哪些方面做好充足的准备？

BIM 技术应用的发展趋势有三个方面：应用点进一步增加，既有应用点深化，出现更多新的集成化应用点。第一方面，在目前既有的应用点基础上，增加新应用点。例如，在美国国家 BIM 标准中，涉及施工阶段的 BIM 应用点只有 8 个。在编写我国建筑施工 BIM 标准过程中，我们将施工阶段的 BIM 应用点增加到了 19 个。这正是最近若干年，我国施工行业积极开展 BIM 技术应用，提高 BIM 技术应用水平带来的结果。第二方面，既有应用点进一步加深，以基于 BIM 的质量管理为例，未来的应用点必然支持质量管理标准。在这方面，我们已经开展了一些研究，已形成一些研究成果可资借鉴。第三方面，BIM 技术与其他技术的集成应用将带来新应用点，例如 BIM 技术与 GIS 技术的集成应用将用于智慧园区运维管理。园区与单体建筑具有很大的不同，不仅需要考虑单体建筑，还需要考虑用于连接单体建筑的各种道路和管线。我们在这方面也已做了一些研究工作，开发了原型系统，进行了系统的实验性应用，并征求了专家意见，受到了良好评价。

对此，研究开发方应努力在上述方面进行创新，提供相应的应用系统。应用方应适应技术发展，适时采用新技术，并及时调整技术架构，争取充分享受技术发展带来的红利。对应用方来讲，发现适合的应用系统与自主开发相应的系统同样重要，特别是当企业自身的应用系统开发能力还不够强大时。另外，应用方应该随时保持对新技术的敏感性，及时发现新技术，敢于利用新技术，只有这样，才能取得创新性的研究和应用成果，为 BIM 技术的进一步发展做好准备。

2.3 专家视角——陈浩

陈浩：湖南建工集团有限公司党委委员、副总经理、总工程师。研究员级高级工程师。近年主持获国家级工法 12 篇、省级工法 81 篇、国家发明专利 10 项、主编国家行业标准 1 部，参编国家标准 7 部、行业标 4 部，主编地方标准 3 部、参编 4 部；获国家科技进步二等奖 2 项，省级科技进步一等奖 2 项，三等奖 1 项；创绿色施工示范工程近20 个，其中"万博汇名邸一期工程"荣获"全国节能减排及绿色施工达标竞赛金奖"；

主持创鲁班奖工程 6 项，指导创鲁班奖工程 10 余项。主持编写《湖南省建筑工程信息模型交付标准》《基于 BIM 的工程项目集群技术管理研究》《工程项目 BIM100 例》《湖南建工集团 BIM 工作报告（2015～2018 年）》。以下是陈浩先生对 BIM 应用现状的观点解读。

1.您认为建筑业企业应用 BIM 等数字化技术的驱动力有哪些，数字化技术的应用可以为企业带来哪些方面的价值？

知识经济时代，建筑业企业应用 BIM 等数字化技术已不再是偶然，是社会全面技术进步和技术交叉下行业发展的方向。

我国经济已由高速增长阶段转向高质量发展阶段，在高质量发展过程中工业的智慧建造正在形成的一种"物—数据—信息—知识—智慧—服务—人—物"循环。对比制造业，建筑业的智慧制造之路还有大量基础性的工作尚未完成，分散、粗放的管理体系仍然普遍存在，BIM 数据在设计、施工、运维环节一以贯之的循环流动，对 BIM 数据赋能后的智慧分析都有待探索。这让建筑业看到了令人兴奋的前景的同时，也有了变革发展任重道远的紧迫感。

在工业 3.0 时代，信息模型技术让制造业发生脱胎换骨的变革，通过四十年的不断借鉴与实践，技术上已经非常成熟。对于建筑业而言 BIM 技术作为信息模型，本身蕴藏了大量数据资源，能够快速解决图形与工程量清单匹配及数据化等问题。在两化融合的新模式下，将 BIM 模型进行数模分离、通过数据谱系图对海量数据解析后，与云、大、物、移、智深度结合，可以实现装配式和工厂化自动生产线、建筑部品模块化、智慧工地等各种场景下的深度应用。

建筑业企业应用 BIM 等数字化技术将方便企业的管理经验和技术成果的沉淀与增值，促进企业管理方式的与时俱进。

目前湖南建工正在致力将 BIM 技术嵌入企业的全链条业务领域、让 BIM 技术融入项目的全生命期服务。已经建立了以模型族库、数字化交付编码系统、专业出版物（包括 BIM 中心运营、BIM 与项目管理、BIM 与企业管理、BIM 教学）、具备自主知识产权且广泛兼容的 BIM 软件为主要内容的"知识库"。其中，模型族库系统累积整理了 3 万余个常用参数化族，实现了各项目工作站的族库标准化载入部署。同时，这些先进生产工具的应用也促进了生产关系，即企业管理方式的变革，带来了工程管理团队协作方式的改变，从而促进企业的组织形态的转型升级为企业的发展带来崭新的活力。

2.建筑业企业应该如何制定 BIM 等数字化技术的应用规划，如何保证规划的顺利执行？

建筑业企业制定 BIM 等数字化技术的应用规划时既要把握时代脉搏，站在行业发展角度布局，又要让规划符合企业的现状及未来发展的需求。

积极响应行业的需求。落实现阶段的建筑业，就是要把握好 BIM 这一数字化原型，以数字化原型＋感知、分析、处理等各类数字化技术为绿色建筑、数字中国助力！一方面遵守行业发展的规律，稳步发展传统产业，坚持"有中出新"，升级和优化过程中不盲目"另起炉灶"；另一方面坚持"创新、转型、升级"寻求新突破，站在行业发展的角度，积极参与技术攻关，用发展的眼光制定有前瞻性和先进性的规划。目前湖南建工已获批"绿色建筑和可持续发展城市智慧化建造和运维"湖南省工程研究中心，并承担了湖南省"互联网＋智慧工地"平台研究；成立装配式技术研究院，进行装配式＋BIM的机电模块化、装修一体化、预制管廊等关键技术攻关和智能化全要素体系升级。这些以 BIM 为内核的研发平台和项目，既为企业 BIM 技术应用指引着方向，也不断充实着企业科研的力量。

以企业的现实需要为基础。多年来湖南建工集产、学、研、用为一体，推进 BIM 等数字化技术与集团发展目标和管理模式相适应。以 BIM 技术不断助推工程项目管理的变革，实现了 BIM 技术应用逐步从单点应用往项目集群管理方向发展。在项目层面，湖南建工搭建工程项目 PM 管理平台，初步实现项目精细化管理。针对企业分散、粗放的企业管理体系，提出了"三级四线"的研究课题，即基于 BIM 的建筑企业三级管理系统和工程数据云计算研究，在职能层面，搭建经营部平台、集中建模平台、集群管理平台、知识技术平台、集中采购平台、财务支付等平台，实现指标化控制，拓展 BIM 应用，延伸至建筑物后期的运维保养。实现了从数据到信息，从信息到平台，从平台到管理，形成了以 BIM 为基础、以业务为主线、以管理为核心的技术思路。

同时，为保证应用规划的顺利执行，在发展中总结出了"强中心、强族库、共平台"的工作机制。

"强中心"即设立专职的 BIM 中心形成稳定的企业 BIM 闭环体系，使短期目标、长期目标各阶段都能适应 BIM 发展浪潮。"强族库"为标准化指导所有项目施工 BIM 应用，建立基于 BIM 的全过程、全专业建设方案库，包含模板工程、钢筋工程、砌体工程等的施工组织设计和专项施工方案，公益性上传至"哲匠网"供行业参考，通过知识库让技术资源得以共享。"共平台"即 BIM 中心成为解决各种任务、各种职能的落脚点和归集点，搭建共享数据平台，让各企业各部门同平台完成执行、决策、反馈各环节，确保信息传递的准确、及时、适用。

另外，应用规划执行的过程中企业还重点关注自有技术的研发，将"BIM＋信息化"作为技术基础，不断优化企业 IT 战略架构，细化企业 IT 治理体系。

3. 湖南建工集团在 BIM 应用中走过哪些弯路，在 BIM 人才的培养、应用方法的总结方面，湖南建工有哪些经验可以分享？

新技术出现后，往往将经历预期的高度与技术的成熟度之间的磨合阶段，BIM 技术的应用亦然。湖南建工集团在 BIM 应用中通过四年的发展，从项目试点到广泛推广，累计有超过 926 个项目使用了 BIM 技术，2018 年已经实现目标责任制项目、PPP 项目及 2000 万以上的新增项目 BIM 技术全应用，形成了以 BIM 为基础、以业务为主线、以管理为核心的技术思路。当然，发展的过程中也有过曲折，譬如 BIM 技术应用的系统性、发展性决定了短期内难有明显的效果，所以推广过程中曾有过领导干部信心不足、一线员工持续应用 BIM 和总结经验的热情不足的问题。随着 BIM 技术的深入推进，必然会带来一些工作方式的改变，这种变革与更新的过程，需要各层级的管理者付出更多的精力学习和磨合，也在一定程度对协同应用造成了难度。

不过新生事物总是伴随着各种质疑的声音而发展壮大，需要正面的应对和积极的处理。为此，湖南建工做了大量的尝试，并不断在实践、总结、检验、在实践中持续提升。

湖南建工始终坚持自主推进 BIM 技术的应用，在项目实施中贯彻自有人员、自有设备和自主应用，目前集团总部和分子公司两级 BIM 中心共有专职 BIM 工程师 378 人，项目一线专职 BIM 工程师 2500 余人。建立了建工英才 BIM 学院，为湖南建工集团内外累计培训 BIM 工程师 4000 余名。组织新进大学生 BIM 普及培训，与集团所属湖南城建职业技术学院共建高校 BIM 技术中心，创建哲匠网共享 BIM 学院教学资源，规范 BIM 工程师的能力培养、考核与晋升，为企业 BIM 技术应用提供人才保障。

为将 BIM 技术应用价值最大化，企业首先要做好顶层设计，完善 BIM 技术与企业环境的匹配，包括 BIM 技术团队建设、公司组织架构相应调整、管理方式优化和治理思路变革等等。其次是要有良好的载体，内部多组织技能竞赛，"以赛代练、以赛促用"；组织 BIM 技术大会，推行里程碑工作计划，统一思想，定期总结；参与行业峰会、行业比赛，对标先进，提升自我。再次循序渐进，重视技术标准体系的建立与不断完善，湖南建工引用英国 NBS 机构发布的 BIM level 评价标准，构建企业 BIM 技术标准和工作机制，以 BIM 模型共享为核心，以 Level 0～Level 3 为标准导向，在完成了试点项目、以点带面、全面普及后，企业各层级都认识到 BIM 的价值，抓好契机建立了一套 BIM 中心运行机制和企业级 BIM 应用体系。

4. 湖南建工集团在推动 BIM 应用的阻力有哪些，施工企业应如何推动 BIM 的发展？

湖南建工在推动 BIM 技术落地生根的过程中所取得的成绩，离不开行业先进单位的引领、政策的促进与企业内部的支持。但是变革的收获也总与阵痛同在，BIM 对生产效率的提升，需要经历一个发展过程，才能够匹配预期，并最终进入成熟的阶段。因此，回顾 4 年多的历程，发展阻力也时有出现，包括信心不足、技术困惑、阶段性发展瓶颈等等。

对此，施工企业要有充分的准备和正确的应对，在推动 BIM 的发展的过程中做到以下几点：

目标清晰，方向明确。高质量发展已成为这个时代赋予我们的任务，要规避单纯的要素投入。以数字化原生企业为愿景，结合企业战略走绿色引擎、创新驱动、数字赋能之路。以 "BIM＋信息化" 为技术基础，完成业务模型与信息技术的复合、平台应用与执行机制的融合，构建工作协同闭环的组织。

分解目标，用阶段性的成果不断提振信心。清晰明确的 BIM 路线图，具有稳定和不断发展的能力，从而在 BIM 发展升级的各个阶段都能适应，有助于企业建立稳定的 BIM 体系。湖南建工从各岗位的单项工具级 BIM 应用开始，逐步推向跨岗位的协同管理应用，形成 "一心六面多岗" 的项目管理模式。在自身系统平台的开发上采用 "敏捷开发、小步快走" 的思路，DT 和 IT 建设并举。在进行企业级云平台开发前，已经进行了 "集群管理平台" 开发，且进行了多轮的升级，再将 "集群管理平台" 注入大数据和云计算技术，引入 BIM 进行各类数据的逻辑联系。正是这些分阶段成果的汇集，不断鼓舞着前进，最终实现 BIM 技术初级向高级迈进。

BIM 技术推广之初，湖南建工即颁布了考核管理办法等一系列的制度，表明了企业的决心。同时又提出了强制性、自主性、公益性（"三性"）等相关的应用要求，树立了"三分建设七分治理"的管理理念和其他的工作协同模式。现阶段为推动 BIM 等数字化技术的融合发展，正在围绕数字化转型的组织架构、建筑业数字化产品与服务等方面进行探索与改进。后续将以用更坚定的决心、更有力的行动、更严格的考核加以推进落实，更好地以信息技术助力建筑业的高质量发展。

2.4 专家视角——金睿

金睿：教授级高级工程师，浙江省建工集团有限责任公司总工程师、研究院院长。兼任住房城乡建设部绿色施工专家委委员、国家建筑信息模型（BIM）产业技术创新战略联盟常务理事、中国建筑业协会建筑工程技术专家委委员、中建协工程技术与 BIM 应用分会副会长、中国建筑学会模板与预制建筑专业委员会副理事长、《空间结构》第四届编委、《建筑施工》第七届编委等职务。参与《建筑信息模型应用统一标准》GB/T 51212—2016、《建筑信息模型施工应用标准》GB/T 51235—2017 等多项国家、行业、省市标准规范、科研项目研究。直接主持的项目荣获中国专利奖 1 项、詹天佑大奖 2 项、鲁班奖 1 项、国家级工法 4 项、发明专利 5 项、教育部科技进步二等奖 1 项、浙江省科学技术奖 3 项。荣获"十二五"全国建筑业企业优秀总工、浙江省十大杰出青年岗位能手、首届浙江工匠、杭州市第十届青年科技奖等荣誉。

1. 您认为 BIM 技术应用的价值应该如何客观评价，BIM 等数字化技术的应用能为企业经营和多项目管理方面带来哪些价值？

如果 BIM 的投入与产出单纯用经济方面的具体量来衡量，那么大多数项目在 BIM 方面的投入产出都是不划算的，BIM 的应用价值在难以用经济量化的部分占据着很大比重，例如管理水平的提升、管理效能的增强等等。在我看来，业务运作好比是搭台唱戏，BIM 就是支撑舞台的柱子。没有可靠台柱支撑，业务很难运作的好。业务运作好了，很多人不会直接意识到台柱的重要作用，以及衡量演出收入中台柱占比。这个例子可能不那么确切，但 BIM 作为基础性的支撑，其价值很多是不能用金钱衡量的。那么，BIM 的价值应该如何客观衡量？经过分析，我们得出了 BIM 价值的三个层面：对个人来说，BIM 的价值在于工作质量和效率方面的提升；对项目团队来说，BIM 的价值在于基于数据的精细化管理；对于企业和多项目管理来说，BIM 的价值在于数据汇总后的分析及利用。

对于企业经营和多项目的业务管理方面，BIM 的价值集中体现在对数据信息的有效利用。过去，企业在搜集项目上信息的过程非常困难，往往不能及时真实的获取到项目上的信息，造成企业经营管理层面缺乏有效的数据信息支撑。应用了 BIM 技术，企业可以实时了解项目更具体的情况，从而保证企业在集控和决策方面有了相关依据。

2.浙江省建工集团在 BIM 应用过程中是如何思考与项目管理业务进行全面融合的？

BIM 技术是先进技术，BIM 应用解决的是创新领域的价值。这些技术和价值往往很难被项目部普遍接受。回顾近十年的 BIM 推进历程，应当注重两方面工作。一是切实注重 BIM 应用的落地价值，要让有经验的专业人员一起参与到 BIM 应用中去；二是对于确认有实际价值的 BIM 应用，要适当采用行政强制手段要求，单纯的鼓励、推荐难以全面见效。

在我看来，BIM 是可以帮助提升项目管理水平的一种技术手段，但并不等同于项目管理，不能说用了 BIM 就不做项目管理了，当然 BIM 以其可视化、协同化等技术优势可以很大程度上提升项目管理能力。不过，在 BIM 技术与项目管理的融合过程中，也面临了很多阻碍。我认为最为普遍的就是，很多企业在推行 BIM 应用时，会围绕着 BIM 技术重新建立项目管理流程。而且这套基于 BIM 的项目管理流程往往是 BIM 部门设计的，有"外行管理内行"之嫌，全新的管理流程还不见得完全正确，并且改变了很多传统的工作习惯，这都会使得项目上的从业人员产生比较大的抵触心理，不利于 BIM 应用的落地。

对于 BIM 技术与项目管理融合，一定要根据企业自身的管理水平和发展需求出发，并且为管理带来实在的价值。在 BIM 技术与项目管理融合的过程中，我们发现其价值主要体现在两个方面：第一是项目的策划和深化设计方面，过去在做策划时大多是"拍脑袋"做决定，主要是缺乏有效的工具和手段，有了 BIM 技术的应用，在很大程度上帮助项目解决了策划的问题。第二是在决策方面，决策并不是只有领导才会涉及，在各个岗位每天都需要面对很多决策，传统的做法更多是岗位人员通过经验判断，而有了 BIM 技术能够更直观反映真实数据情况，更好的辅助决策。

3.调查显示，建筑业 BIM 应用的发展有从施工阶段应用向建筑全生命期辐射的趋势，那么您是如何看待以施工阶段为核心向设计、运维辐射，进而实现 BIM 全过程应用的？

首先，我很认同这个观点，这也将成为建筑行业未来主要的发展方向。过去，设计阶段和施工阶段的工作是相对独立的，设计单位只需要将确定下来的设计图纸交付给施工方来施工就行了，这造成了很多设计过程信息不能传递到施工阶段。有了 BIM 技术的应用，设计阶段的过程信息就能很好的传递给施工方，这样更有助于施工单位理解设计意图，保证整个项目的更高质量完成。同时，施工企业在应用实践的过程中，通过 BIM 技术解决了很多设计阶段影响正常施工进度的问题，如果能在设计阶段将这类问题得以有效的解决，将在很大程度上节省项目投入的时间和经济成本。

在运维方面，基于统一的竣工交付 BIM 模型关联各种图纸、设备信息，保证运维的数据和资源的准确和集中管理。基于模型构件，通过物联网采集并集成动态运维信息，保证各种设施的可视化管理和正常运行，大大减少运维工作量，提升运维效率与科学性，从而实现运维成本的降低。同时，应用 BIM 技术后，可以基于 BIM 模型进行大量的数据分析，这些数据也会被记录下来并且反馈给设计和施工方，比如发现哪些设计是非常好的，哪些设计需要调整，设计单位再针对实际的应用数据进行分解，可以发现更多的设计问题，从而进行优化与改进，实现建筑全生命期的价值循环与提升。

4. 对于企业层面规划和推广 BIM 应用工作，浙江省建工集团有哪些经验值得借鉴？

对于企业层面规划和推广 BIM 应用工作，很多企业有各自特色。有的企业是"自由生长"，有的企业是"外部咨询"，有的企业是"BIM 中心"等等。从 2010 年开始，浙江省建工集团把对 BIM 技术的应用，从一把手层面就定位到了战略的高度，我们将 BIM 的应用与为管理带来价值紧密结合，一切的应用都要以价值导向。在推广的过程中，集团大力提倡"人人 BIM"的概念，在企业和二级单位层面，坚持不设立 BIM 中心，坚持企业内训培养 BIM 人才，坚持 BIM 基础等级作为评职称的前置条件。我们要求每个岗位的人员都要掌握 BIM 技能，并且在内部分为 A、B、C 级进行能力认证，要求全员都要通过 A 级（基础）认证，没有通过 A 级评定的员工就没有评职称的资格。当然，行业专业技术人员掌握了 BIM 技能，可以更加高质高效地开展工作，我们通过专门的技术团队组织先期培养这些人员，我们称之为"特种兵"。通过这些"特种兵"带动项目上的 BIM 与专业的融合应用，实现 BIM 在集团的全面推广。

近两年，集团开始组织编写 BIM 技能培训教材，其中，《钢筋混凝土结构深化设计培训教程》已在中国建筑工业出版社出版。同时，企业的 BIM 大赛也从单一的 BIM 成果比赛内容，增加了技能比武、基于 BIM 的项目管理 PK 赛等形式。这些都有助于企业层面正确地定位和引导 BIM 应用工作。此外，在 BIM 应用方法上，浙江省建工集团的做法是以发展的眼光看待 BIM 技术，根据不同时期和不同阶段的发展要求，不断总结提升 BIM 应用方法。从一开始，我们在建立 BIM 应用统一标准时就立足宏观，不把 BIM 的应用内容做具体的限定，但需要保持一个基本原则，即 BIM 的应用要有价值。

浙江省建工集团在 BIM 应用推广的历程中，主要有几点经验：一是人人 BIM，不要把 BIM 看成是少数 BIM 人员的事；二是重视 BIM 技能，岗位人员 BIM 技能的提升，能促进 BIM 的落地见效；三是不断学习进步，BIM 技术和应用不断发展，对 BIM 的认识也在不断深入，需要参与各个层次的 BIM 研究、应用、交流，不断提高认识，避免走弯路、回头路，把握正确 BIM 推进方向。未来几年，数字技术将更加深入地改变建筑业，其中 BIM 将是集团推进企业乃至行业数字转型的核心。

2.5 专家视角——汪少山

汪少山：广联达科技股份有限公司副总裁，广联达 BIM 业务总经理，中国图学学会 BIM 专委会委员、中国建筑学会 BIM 分会理事、中国安装协会 BIM 应用与智慧建造分会第一届理事会副会长、中关村智慧建筑产业绿色发展联盟 BIM 专委会主任。近年来，汪少山一直致力于用新技术推进建筑业企业的信息化发展和数字化转型，对 BIM、物联网等技术在工程项目精细化管理的应用上开展了深入的研究和实践，并不断探索创新商业模式。汪少山发起并参与《中国建设行业施工 BIM 应用分析报告（2017）》《建筑业企业 BIM 应用分析暨数字建筑发展展望（2018）》的策划和编写工作以及《中国建筑施工行业信息化发展系列报告》的撰写，参与指导多本企业 BIM 实施方法书籍的编写。

1. 现阶段建筑业企业推行 BIM 时存在哪些问题，您是怎么看待这些问题的？

从近几年建筑业企业 BIM 落地实践的情况，结合 2019 中国 BIM 应用分析报告，我个人认为这个阶段 BIM 在国内的推行主要面临四方面问题：即企业内部对 BIM 认知缺乏共识；BIM 价值受到怀疑，进入了应用深水区；BIM 从业人员的能力和意愿问题；面对新技术落地，企业内部组织定位不清晰，协作有难度。对于以上问题我分别谈谈我的看法。

关于认知难共识的问题。很少有企业从上到下都能认可和感受到 BIM 技术带来的价值，企业高层决策者，中层管理人员以及基层操作者对 BIM 技术的定位有自己的认知，一时也很难改变。有些是企业高层看到了 BIM 和云、大、物、移、智技术的结合，可以很好地为施工业务赋能，对此充满信心，希望全公司推行，把 BIM 技术作为数字化转型的强有力抓手。但项目管理人员的重心不在这，对落地应用的重视度完全不够，BIM 技术到了项目上推不动，很多只是做个样子，为了用而用，让企业的信息化成了无源之水。有些是个别 BIM 中心人员积极尝试，但是项目和企业领导并没有那么重视，还在摇摆犹豫，项目积攒了数据，但是并没有赋能管理人员，项目变成了一个个数据孤岛。简单来说，高层中层对于 BIM 在企业的推进落地没有形成有效共识或是只有伪共识。

关于 BIM 遭受价值怀疑的问题。近两年，接触到的企业高层、BIM 从业人员，我最大的感受就是前两年被大家抬上神坛的 BIM，质疑声越来越多。在我看来，这种现象是正常的，一个新事物的发展必然要经历这个阶段，我的理解是 BIM 的应用应该是到了瓶颈期了。比起瓶颈期，我更愿意用深水区这个词，因为它是一个中性的词。通常，我们看到的事情，仅仅是冰山一角。在深水区，BIM 的应用需要施工企业去磨内功，通过量变积累质变，这也是不得不经历的阶段。我认为 BIM 的价值成疑主要有两方面的原因，一是价值本身需要沉淀，二是因为价值难衡量所造成的。BIM 的价值绝对不只是可视化呈现，模型更大的价值是信息的载体，而 BIM 是数字化转型中最合适的信息载体。作为载体，BIM 的价值产生在信息的解构和重构，及因为数据的连接带来的业务协同，也就是一定要下沉到业务本身。同时数据的存储和流动只是数据链上的一部分，要让数据产生价值，还需要保证它的真实、及时和完整性，以及数据提炼和应用的科学性，这就要求源头数据的及时采集，以及后续数据挖掘和分析发挥作用。所以这时候需要 BIM 技术和云、大、物、移、智等技术结合来加速数据流的运转，从而发挥其最大的效力。关于价值难衡量，其实是相对简单的问题。这个账底下人可以不会算，但是领导一定要算得清。信息化工作，特别是具有管理性质的工具，可能是一个人投入，但是享受到价值的不是他。那个人可能是当局者迷，但是领导是站高一层的，更容易看到整体的价值是否提升。管理的效益是团队化的，这时候管理者一定要配合一些合理的机制让价值分配更加平衡、合理。另一方面，我其实更想和大家说的还是要转变思路。在转型的过程中，施工企业要把数字化技术的升级看成企业信息化建设中的一笔重要投资，而不是简单地视为一项成本。投资是一个长远的行为，他有未来收益，能够产生利润，而成本就是具体项目里实际发生的费用。同样是玉米种子，我们可以把它当作成本，做成一包爆米花，也可以播种到地里，收获丰硕的果实。

关于 BIM 从业人员的能力和意愿问题。很多企业觉得 BIM 软件的应用和业务管理很难掌握在同一个人身上，即使有也很难快速复制。这个问题我认为可能要从内外部共同找寻解决方案。对内的培养，施工企业要更加关注项目管理人员的数据分析能力和跨部门协作能力，能够提出对于数据的需求，知道要看哪些数据，把已有的经验和 IT 系统相结合，提升管理的效率。对于软件应用的掌握，施工企业更应该要求软件企业把软件优化到更适合施工各岗位业务应用的场景，要求软件去适应人。我判断未来各领域的人才都会是一专多能的"T 字形"人才，精通自己岗位或者领域的业务，但是也理解横向和自己协同合作的相关工作的关系，甚至有些还是跨界的协作。意愿问题主要是因为价值不凸显，个人发展不清晰，自然意愿就会出现波动。不过可喜的是行业内还是有许多 BIM 从业人员还在坚守。我对此的建议是，能力成长非一日之功，只有更多的实战才能成长起来，对于 BIM 从业人员来说，坚持下去，在坚持过程中不断提升自己，未来的职业发展绝对是光明的。

关于组织定位和协作的问题。BIM 是个新事物，因其产生的 BIM 工程师以及 BIM 中心也都是新的。领导们对这个组织的定位以及与其他组织的协作机制也需要时间去尝试和探索。过程中出现的职责不清，边界不清的情况时有发生。对于 BIM 组织的定位，一开始想用这个小组织去推动原先的大架构，来实现组织和业务流程的变革，阻力肯定会很大。每个人的精力都是有限的，并且有各自的目标，完成自己的本职工作肯定排在第一位。人性所致，要求大家都站高一层是不现实的，也是不合理的。但是我们要以 BIM 技术为抓手，用数字化的思路来解决之前信息化的瓶颈，跨部门的数据重构是必不可少的。这个矛盾是个死结吗？我认为不是。我们最终想要把跨部门的数据打通，但是我们经常把目的当手段，简单地就去要求大家在组织上快速融合，无障碍沟通，以换来所有信息的透明和协作，结果是阻力重重。其实换一个思路想，我们只需要大家把自己的工作先数字化，把自己要做的、已经做的和即将要做的都在电脑上体现，那么这些数据的解构以及和其他部门数据的重构，其实是可以交给电脑来做的。只要我们有要站高一层的人能结合各部门的需求重新梳理，就不用让各个部门的人当面去沟通，也能实现数据打通，协作互动，甚至更加高效和及时。这是我们常说的用系统解决组织的问题。

2. 前面您谈到 BIM 进入深水区，那这个阶段的特点是什么？中国 BIM 的发展之路又在何方？

前面我们提到的问题其实都是复杂的，两难的问题，是我们所说的困局。存在即有他的合理性，我们需要用系统、动态的眼光去看待和分析，思考如何破局。

BIM 不是一个孤立的技术，当我们谈 BIM 一定要将其放到全行业数字化转型的背景中去讨论。国家提出数字中国战略，建筑业也在积极走向数字化建设。建筑业的数字化就是将原本管理过程中形成的数据进行解构，保证原始数据的准确性和透明度，然后再通过合理、科学的算法将更大范围、更多维度的数据进行重构，提供给各层管理人员及决策者以支持。

现阶段，我国建筑行业随着 BIM 应用环境的不断完善，BIM 软件产品的逐步成熟，使得 BIM 应用正处在从理想泡沫化后逐渐稳步爬升的新阶段。在 2018 年 10 月举办的"第五届 BIM 技术在设计、施工及房地产企业协同工作中的应用国际技术交流会"上，广联达正式提出了：中国的 BIM 应用正在进入到 BIM3.0 阶段，BIM 的价值将会得到更明显的体现。BIM3.0 是以施工阶段应用为核心，BIM 技术与管理全面融合的拓展应用阶段，它标志着 BIM 应用从理性走向攀升阶段。该阶段，BIM 应用呈现出三大特征：从施工技术管理应用向施工全面管理应用拓展；从项目现场管理向施工企业经营管理延伸；从施工阶段应用向建筑全生命期辐射。

今年行业里非常热的项目数字化的理念，就是把 BIM 和云、大、物、移、智等数字技术集合，对施工现场"人、机、料、法、环"等各关键要素做到全面感知和实时互联，实现建筑实体数字化、要素对象数字化以及作业过程数字化，从而让整个施工项目管理实现数字化、系统化、智能化，让项目的协作执行可追溯，管理信息零损耗，决策过程零时差。项目数字化的最终目标是把工程建造提升到现代工业级精细化水平，实现精益建造。

有了数据的积累和支撑，施工企业的组织管理将变成大后台配以小前台的赋能型组织，这是一种更具规模化的组织形式，能加速企业扩张，以及企业大数据的形成，从而帮助企业在提高建造效率，优化资源整合的同时，掌握信息主导权，在商业模式上有更多的想象空间，在产业链上也更有话语权。

3. 在破局的过程中建筑业企业该做好哪些方面准备工作？

近 20 年，建筑业增速由年增长率 20％下降到 5％，2016～2018 年，更是连续三年增速低于国内生产总值增速。建筑业已经随着整体经济的潮流，走到从高速发展向高质量发展的关键时期，数字化转型迫在眉睫。这一变革对 BIM 技术的应用提出了更高的要求，BIM 既不是唯一的，也不是万能的，但却是建筑业企业数字化转型中的支柱性技术。它的价值最大化会在空间和时间上体现。空间维度上它一定是要和云、大、物、移、智等新技术结合，以及需要和施工的业务结合，成为名副其实的可视化、可协同的信息载体。时间维度 BIM 一定要，最终也一定会贯穿建筑全生命期，让正确的人在正确的时间拿到他想要的信息。但是对于任何一项新技术的应用来说，我们还是要遵循其发展规律，也要接受区域发展不平衡的现实，不要错失良机，也不要拔苗助长。

面对 BIM 技术引领的数字化转型，我认为建筑业企业应该要在企业内部达成认知的共识：数字化之路是变革之路。企业应该从战略高度推行数字化的建设，打造数字化的企业文化和运营体系，通过数字技术去落实数字化的行动，实现智能化应用和信息化平台系统，利用数据驱动企业决策和创新。

在战略规划层面，企业实现数字化转型必须要有从上而下的全局规划。数字化转型的关键要素在于公司领导层有清晰的愿景、战略目的和目标。从战略层下沉至组织层面，推动核心团队对数字化的责任、贯穿整个业务过程的用户和客户体验，设立正确的组织、环境和赋能体系。最后落地到执行，建立一个长期的技术和数据架构，给予进行适当水平的投资，制定把愿景落地的沟通计划等。IT 系统的建设、数字化人才的培养、企业管理制度的变革、统一的企业标准是建筑业企业数字化转型战略的四个支撑点。

而从实施路径和节奏来看，企业做数字化转型是一个由岗位到项目最后到公司的过程。第一阶段岗位的数字化是指现场建筑的结构、机件、场地等内容的数字化，生产、商务、质量安全等管理活动的数字化，以及人、机、料等要素的数字化。第二个阶段是项目的数字化，也是企业数字化转型最难的阶段，涉及跨业务的数据及企业的过程管理。在大量项目数字化之后，海量的数据可以为公司的数字化提供真实透明的信息，进一步做资源的集约管理，组织流程、管理机制的变革和商业模式的升级。

4. 在技术进步的大环境下，您认为 BIM 软件供应商应该做哪些方面的改进去推动行业的数字化转型，其中广联达是怎么做的？

我认为软件商的优势是用 IT 的思维以及最新的技术，系统地去分析和解决数据的问题。也就是通过数据的采集、存储、流通、解构、重构、分析，来提升效率，优化流程，支撑决策。这个思路本身是没有问题的，他也可以和各个行业的业务进行结合。但是问题出在我们的视角总是软件视角，而不是客户的业务视角，很多我们觉得很清晰的逻辑在客户眼里可能是很复杂的。客户一看到心里就开始抵触了。所以我们除了要不断地做底层技术的突破和积累，比如图形技术、大数据算法、AI、物联网等等，更重要的是要学习客户的业务，了解应用场景，让软件能真正融到客户的业务里，从而带来更大的价值。具体有什么好的方法呢？我认为有两个，一是我们的业务人员要到客户的工作现场去，和客户一起做项目；二是我们自己在推出产品之前要先在自己的项目上用，这也是广联达的一贯做法。2013 年广联达在北京总部落成的信息大厦就是 BIM 技术在建筑全生命期的一个应用。今年春天奠基的广联达西安大厦，也是我国首次利用全生命期数字建造理论建设的新型建筑。我们将运用 BIM 和云、大、物、移、智等新技术，IPD 集成交付模式和精益建造的管理思想，探索数字建筑的实践道路。

施工企业以及项目的数字化转型不是一蹴而就的，因为企业和项目本身条件的不同，以及大家所处的转型阶段不同，对于软件的需求肯定也是不同的。现状就是一个项目下来，施工企业需要采购来自十多个甚至数十个软硬件供应商的产品，沟通成本不说，不同公司产品间的数据打通是个大问题。广联达希望为施工企业的数字化转型提供一站式服务，但是我们也很清楚，光靠广联达一家企业是做不到的。所以广联达提出了"平台＋模块＋生态"的理念，广联达的数字项目管理（BIM＋智慧工地）平台也就是这个理念下的产物。广联达以"114N 体系"，即一个理念、一个平台、四大技术和 N 个应用，对产业数字化进行了全方位覆盖。一个理念即秉承数字建筑理念，一个平台就是统一的数字项目管理（BIM＋智慧工地）平台，四大技术是指依托 BIM、IOT、大数据和人工智能技术，N 个应用是一套兼容应用、开箱即用、开放给客户和生态伙伴的应用。它覆盖了 BIM 建造、智慧劳务、智慧安全、智慧物料、智慧质量、智慧生产、智慧商务等业务场景，客户可以根据自己的需求选择业务模块，灵活组合到平台上，从而能支撑以 BIM 为核心的企业数字化转型成功。

2.6　专家视角——BIMBOX

BIMBOX：由一群有情怀的 BIM 实践者聚集到一起组建的建筑行业新媒体，在微信公众平台、知乎、今日头条、喜马拉雅等知识频道开设 BIM 技术科普专栏，用视频和文章形式传播 BIM 理念，普及 BIM 知识，传递行业先进观点，坚持"有态度、有深度"的创作理念，用最简单易懂的语言为大众提供服务，致力于做中国最好的 BIM 知识服务团队。

1. BIMBOX 用什么视角观察行业的 BIM 发展？

我们从结构和机电设计开始，后来在 BIM 技术最火的时候从事了几年的咨询业务，到现在专注做一个行业新科技的媒体。从视角上来看，我们一直在从一线往后退，但在往后退的过程中，我们获得了更广的视野，来看待这个行业。

目前，我们在微信公众平台、知乎、今日头条等内容平台有超过 10 万的订阅量，收集了将近 1 万份调查问卷，线上有 7 个活跃的用户群，线下和超过 200 位行业里形形色色的人见面访谈。可以说，我们在离一线技术越来越远的同时，也见证了这个时代越来越多人的思考。所以我们现在无论是谈理念、谈技术，都会紧密围绕着一个中心：人。

行业的信息化、工业化，本质上都是在"去人化"，把人的不确定性从系统里排除。但我们认为，这条路还很漫长，在相当久的一段时间里，还是要靠人来推动。看待行业要拿起放大镜，去看每个人脸上的表情，听他说出来的话，而不能机械地把人定义为被设计出来的执行者。原因很简单——你这么设计，他不会这么做。我们经常说，社会也好，企业也好，是一个系统。但这个系统并不是被谁设计出来，然后就机械性运转的，所有事情的成功和失败，都源于系统里每个人的思考、行动甚至是博弈，所有的客观局面都是由微观的主观判断汇集到一起形成的。

2. 在 BIMBOX 眼中，现在以 BIM 技术为核心的数字化发展的"客观局面"是什么样的？

如果放眼去看，你会发现建筑业数字化的"地形"是高低不平的，不同地区、不同企业，对变革的理解相差非常多。整体的态势上来说，我们认为，现在参与到数字化里的人群"两头少，中间多"。

两头的人群中，有少部分人对变革充满激情，坚信数字化是行业的未来；另外也有少部分人对数字化完全没有感觉，觉得这件事和自己没有任何关系，领导让干啥就干啥，干不开心了大不了就辞职。中间的大部分人，则是在焦虑、在徘徊，一边在学习新知识，一边在摇摆，这些知识到底能不能改变命运？几乎每隔几个月，就会有很多新知出来，管理层有新的理念可以学，执行层有新的软件需要掌握，哪些旧的东西该抛弃，哪些新的东西要嫁接到已有的体系里，这些东西在冲击和折磨着这个时代的人。

当然，我们这样区分人群，有一个大的前提范围，是关注我们、希望和我们交流的人，他们本身多多少少与 BIM、信息、数字化有一定的关联。但如果把视角放到整个建筑业，比如现场的施工员、工人、传统设计师等等，还是对新技术无感的人要多得多。有时候我们把自己定义为科普人，因为这条融合之路确实还很漫长，不是简单的培训一批人、淘汰一批人就行的。

3. 您所说的"大部分人的焦虑和摇摆"，问题出在哪里？

我把这群人按年龄粗略的分为两类：90 前的管理者，和 90 后的执行者。

前一种，90 前的管理者，他们的焦虑来自于"未知"。这批人赶上了最后一波红利，买了房、结了婚、生了孩子，在企业坐稳了一个位置。他们的需求是在稳定中求上升。我们见到了很多 70 后、80 后的总工和项目经理，他们一方面持续关注着新技术，关注着领导的兴趣动向，另一方面举步维艰，不敢大刀阔斧的去投入人力物力拿项目做实验。因为一个决策上的错误就可能断送他的职业生涯。即便是已经从事了数字化工作的人，比如企业 BIM 部门的负责人，也非常不放心。因为整个行业坐落在一个带有实验性质的基座上，产值、业务链以及和整体系统的衔接都不稳定，他们会非常担心，如果有一天公司放弃了数字化，或者数字化的路线走错了，很可能自己多年的付出就白费了。

第二种是 90 后的执行者，他们的焦虑来自于"意义的缺失"。最近我们参加了"2019 年中国数字建筑年度峰会"，在分享的观后感中我们写到，企业家的责任就是提出愿景，并让员工坚定执行下去。但站在这个观点的反面，我们也看到这个时代的另一个问题：年轻的执行者们正在把"解构愿景"作为日常的思考和行为指南。他们找不到数字化这个愿景和自己的日常工作有什么关联，也找不到自己工作的价值。年轻的执行者可以忍受岗位的平凡，甚至是待遇的低下，但需要知道自己每天做的事是有意义的。这一代的年轻人希望有更好的工作环境，数字化确实能提供这样的愿景，这也是为什么他们愿意献上青春。但支撑他们日常行为的意义并不是服务于某个宏大的愿景，而是简单的诉求——我的工作能帮助到别人。

这不是我们行业的个案，而是整个时代背景下的共通之处。我们经常会收到用户的留言，说看我们的文章能找到坚持下去的力量，但坚持这个词本身就代表着不情愿的悲壮感。他们希望这种力量更多的来自身边的日常外部环境。他们建立模型、整理数据、编写信息规范，但拿出来的成果却往往帮助不到他人，甚至在公司被边缘化。我们认为，企业想把数字化推进好，不解决执行者的"意义"问题，一定会出乱子。

4. 在 BIMBOX 看来，那些有意愿投身 BIM 事业的人又处于怎样的状态？

反观那些乐观的、把对理念的相信转化成日常工作的人，我们观察到一个共通点：扎堆。"长远的意义"需要日常的灌输，不是上级给下级的洗脑（这恰恰是年轻一代最为反感的），而是一个战壕里的战友彼此鼓励。

比如软件商、部分咨询公司的员工，大家从事的事情类似、愿景统一，所做的每件事都能帮助到身边的人，形成正反馈，你会从他们的身上看到彼此志同道合的力量。而设计院、施工单位、研究机构会差很多，这些企业里往往只有几个人在搞 BIM，搞数字化，其他同事有其他的事要忙，这时候孤独感就会打败成就感。铁科院的一位 BIM 技术负责人和我们说：我充满激情的把青春献给了 BIM，但我现在不知道该往哪走了。

5. BIMBOX 是怎样看待建筑业未来发展和企业数字化转型的？

我们坚信数字化是行业的必然趋势，这种相信不是来自政策，也不是来自于市场，而是我们这个行业处在一个满眼可见数字化世界中的孤岛上，被几乎所有数字化的行业包围着。

当你站在低洼处，不用多思考也知道，一定会有水灌进来。我们认为行业的数字化不是被谁设计出来的，也没有任何人有这样的掌控能力，社会也好，行业也罢，都是在用自己的方式演化。五年前，很多人预测正向设计将使所有咨询公司消失，但今天我们看到大批从设计院、施工单位的人出来，走进咨询公司。原因正如我们前面所说——这些人在原来的企业找不到价值和存在感。五年前，人们认为 BIM 是变革的核心，现在它成了整个数字化地图中的一个版块。

数字化是一项有风险的事业，无论对于企业还是个人，所有人都在和时代赛跑，和演化对赌。企业有自己不同程度的数字化信念和决心，不仅要体现在软硬件采购和制度建设上，还应该思考人才的发展和去留。好的企业不应该批判 70 后温吞，80 后谨慎，90 后任性，而是要面对这样的事实。所谓人文关怀，并非一种妥协，而是在数字化这场战役中，确保每个将领和士兵都在朝一个方向前进。

第3章 建筑业企业 BIM 应用——模式与方法

按照价值理论的评价标准，BIM 技术应在节约成本、加快进度、保证质量等方面起到重要作用。同时，无论是项目层还是企业层都集中反映出企业管理体系的落实难点，BIM 技术可以利用模型作为数据载体的技术特性，结合一系列先进的数字化技术，帮助企业解决这一问题，同时 BIM 技术可以和企业现有的信息化管理系统，或与公司传统管理体系集成或融合，解决公司项目数据"两层皮"的现象，实现企业管理升级。与此同时，可以通过数据的驱动，真正实现建筑业企业的业务升级。在本章节中，编写组将从建筑业企业 BIM 应用的模式与方法层面做详细阐释，以便帮助更多企业借助 BIM 技术，逐步成功实现企业数字化转型的目标。

3.1 BIM 应用模式

3.1.1 BIM 技术与数字施工

1. BIM 技术实现数字孪生，"三元世界"共生发展

伴随数字化的变革与智能化时代的到来，技术在发生革命性的进步，特别是以 BIM 技术作为数字化载体，建筑业也逐渐从原来的二元世界，即人类的意识世界（human）和物理世界（physical），进入到"三元世界"。数字世界（cyber）逐步成为新一极。"意识世界—数字世界—物理世界"，相互交汇、相互作用、融合发展并产生新的演化。

人类的意识世界是主观精神的世界，是人们思维活动和思想客观内容的世界。它是人类精神财富所构成的领域，是人类创造性的集中显示和提高的世界。意识世界是丰富多彩的，正如波普尔提出的"三个世界"（物理世界、精神世界、客观知识世界），意识世界既包括了主观精神、思维活动，也包括了思想内容的知识世界。可以说它也是人类创新、创造的源泉。

物理世界是客观的物质世界，是人们能直接感知的物理实体或物理状态的世界。在"二元世界"中，人们要想将意识所想变为现实，只能直接作用于物理世界的实体上，生产出的产品实物如果不符合要求，需要变更、调整甚至重新生产，造成很大浪费，试错和验证的成本太高。

随着数字技术的进步和发展，通过计算机和互联网，人类的意识世界与物理世界都将数字化和网络化，正如毕达哥拉斯从纯数学角度看待的世界是"万物皆数字"，数字世界（也称信息空间或赛博空间）将带给人们认识世界和改造世界的新能力。在"三元

世界"中，人脑是"意识世界"的核心，电脑是"数字世界"的核心。通过 BIM 技术进行数字建模，实现建筑产品的"数字孪生"，将意识所想先作用于建筑数字虚体，可以不受时间和空间的限制进行设计、模拟和优化，可以不眠不休地进行超高速的运算、分析和推演，直到达成最优方案后再实施，这让人们能更高效、更低成本、更充分地实现意识世界的构想。

BIM 作为连接建筑实体与数字虚体之间的技术纽带和基础，形成了建筑"三元世界"的相互促进、共同进化、共生发展，从而使得建筑业的数字化转型成为可能。

2. BIM 为实现数字施工提供技术和环境基础

数字化转型升级成功的必要条件是技术与环境的契合，每一次变革的背后都涉及技术带动产能提升的重要因素，通过生产力的提升实现降本增效，顺势完成行业的变革。但在当前的行业环境下，通过压缩成本来扩大利润已然变得愈加困难，企业的盈利来源更多指向效率，效率落后的企业将会被时代所淘汰。

随着云、大、物、移、智等新兴技术的日趋成熟，通过 BIM 技术为载体融合项目实时数据，可以给建筑业带来数字化程度的大幅提升。区别于传统信息化手工填报的方式，智能硬件为代表的 IOT 技术的加入让数字信息更加准确、及时、有效。更深层次的实时数据与业务管理的结合，通过应用技术采集数据，利用业务技术分析数据得出结论并改善决策，带来效率向效益的转变，最终实现数字施工。

建筑业的信息化在企业层已经做了很多的内容，例如企业的项目管理系统、EPR 系统、OA 系统、企业门户等均已实现，但基于项目的生产作业数字化还很薄弱，其主要原因是在项目层面缺乏有效的数据载体以及数据本身的实时收集。另一方面，工程项目作为建筑业企业的核心单元，是各参建方聚焦的核心，也是企业利润的重要来源，项目管理的好坏直接影响整个企业经营情况。所以，无论从技术需求还是经营环境来说，BIM 技术都将成为实现数字施工的基础。

3. 建筑业企业 BIM 技术的应用模式

对于建筑业企业而言，项目作为企业的核心产品，也是营业收入和利润的源泉。建筑业企业对工程项目的管理主要集中在两个层面，即对单个项目的管理和对多个项目的管理，而企业对于项目的传统管理方式主要是以流程管理为主，项目信息主要以项目相关业务部门填报的方式呈现，这就导致信息的及时性和真实性无法得到保障。此外，企业对项目管理的传统做法主要是对结果进行管理，通过阶段巡查、验收等形式保证项目的正常有序推进，这样的管理方式不仅需要大量的人力投入，而且无法保证企业对项目建造过程进行很好的管理，工程项目的建造全过程存在持续的管理隐患。

对此，企业可以通过有效的数字化手段，以 BIM 为核心技术形成数据载体，结合物联网、移动互联网、云计算、大数据、人工智能等数字化技术，做好工程项目的数字化实时过程管理，并通过多项目各业务线数据的互联互通，形成企业的集中管控，真正实现企业对单个项目以及多项目间基于实时数据的精细化管理。在此过程中，企业需要建立合适的 BIM 技术应用模式，在下面的内容中将做详细介绍。

3.1.2 利用 BIM 技术打通工程项目数据流

1. BIM 技术为项目管理模式的变革提供技术基础

随着 BIM 技术的不断更新与业务结合程度的更加紧密，BIM 的内涵也在不断发生变化。起初，BIM 定义为 "building information model"，意为建筑信息模型，核心在于通过三维模型去呈现工程信息，将业务数据进行图形化的展现并做模型化应用，例如碰撞检查等。基于 BIM 技术价值的持续发掘，BIM 逐渐趋于全生命期应用，"model"变为 "modeling"，更强调动态的过程，与施工业务方面的融合也更加贴合实际业务，例如施工模式、方案模拟等。随着 BIM 应用发展程度的继续深入，其内涵再次进行迭代，更新为 "building information management"，从模型深入到业务管理过程，将 BIM 应用融入日常管理，例如基于 BIM 技术的进度管理、质量安全管理等。纵观 BIM 的发展不难看出，BIM 技术经历了从模型实体应用到模型业务应用再到施工业务管理应用的过程，无论 BIM 的内涵如何拓展变化，其核心均是对数据的承载与分析。对于施工现场来说，BIM 技术应用可以实现施工现场的建筑实体数字化和生产要素数字化，提供信息可视化的管理平台，最终实现项目数字化的应用场景。

关于项目的数字化，是指以 BIM 应用为核心，结合云、大、物、移、智等数字化技术，对施工现场"人、机、料、法、环"等各关键要素做到全面感知和实时互联，实现工程项目管理的数字化、系统化、智能化，最终驱动项目管理方式的转型升级。数字化最终是为了把工程建造提升到现代工业级精细化水平，最终实现工程项目的精细化管理。

2. 实现工程项目数字化的四个方面

对于建筑业企业而言，实现工程项目的数字化需要主要考虑四个方面，即建筑实体的数字化、要素对象的数字化、作业过程的数字化、管理决策的数字化。下面将对这四个方面逐一进行详细的介绍。

（1）建筑实体数字化：建筑实体数字化是项目数字化的基础，核心是多专业建筑实体的模型化。即通过"BIM+"打造项目数字模型。在项目的实施前，先将整个项目的建造过程进行计算机模拟、优化，再进行工程项目的建设，减少后期返工问题。如装配式建筑在工厂生产之前进行全数字化设计，能保证所有构件的精准加工与拼装。

（2）要素对象数字化：要素对象数字化是项目数字化的手段，通过应用 BIM 技术和物联网技术实现"人、机、料、法、环"等要素的数字化，大幅度地提高了项目管理业务流程的标准化程度、业务执行效率、数据获取的实时性和准确性，使工地现场更加智慧。要素对象的数字化为项目的精益管理和智能决策提供了数据支撑。

（3）作业过程数字化：作业过程数字化是项目数字化的核心，在建筑实体数字化和要素对象数字化的基础上，通过"PM+"，从计划、执行、检查到优化改进形成效率闭环。项目进度、成本、质量、安全等管理过程数字化，将传统管理过程中散落在各个角色和阶段的工作内容通过数字化的手段进行提升，形成一线的实际生产过程数据。整个过程以 BIM 模型为数据载体，以要素数据为依据开展管理，实现对传统作业方式的替代与提升。

（4）管理决策数字化：通过对项目的建筑实体、作业过程、生产要素的数字化，可以形成工程项目的数据中心，基于数据的共享、可视化的协作带来项目作业方式和项目管理方式的变革，提升项目各参与方之间的效率。同时，在建造过程中，将会产生大量的可供深加工和再利用的数据信息，不仅满足现场管理的需求，也为项目进行重大决策提供了数据支撑。在这些海量数据的基础上，应用大数据、人工智能等数字技术，可实现项目管理决策的智能化，为项目管理决策提供有效数据支撑。

3. 项目数字化管理模式的实现

（1）项目数字化的实施路径：项目数字化的实现过程中数字化是基础，对工地作业层的全面数字化，能够实现对作业过程的全面记录，数据的有效采集和追溯。系统化是核心，解决信息孤岛，建立和打通系统、数据间的业务关系，依据管理需求建立各类系统化平台，实现对项目的高效管理。智能化决策是目标，在作业全面数字化、管理系统化实现后，通过海量数据，在有效的业务分析模型下，实现对项目的智能决策。

（2）数据的采集：数据的准确性与及时性是数字化管理的核心基础，如果数据不够准确或者不够及时，那么依据这些数据信息做出的决策判断往往也不够可信。除此之外，数据的多样性是当前阶段数据采集困难的另外一个重要原因，因富含复杂的专业属性，部分数据暂时无法通过智能化设备进行采集，因此准确性、及时性以及专业的多样化是数据抓取的重要特性。

准确性与及时性是基础，从施工业务的角度来说，数据可分为建筑实体数据与要素数据。建筑实体数据指通过 BIM 技术将现场实体建筑数字化的过程，按照专业分类，针对建筑、结构、水、暖、电等不同专业分门别类的进行建模工作，针对模型进行准确性定义。当然，模型越细致准确，投入的成本也会越高，适宜的 LOD 标准是平衡准确性与资源投入之间的平衡点。针对生产过程的要素数据，想准确及时地获取数据，最好的方式是通过 IOT 技术等相关智能硬件设备，这里提及的智能设备不局限于摄像头、闸机等监控设备，还包括类似手持工具设备或小型机具增加传感器后智能设备，这些小机具的智能化会对提升工种工作效率有较好支撑，而这些机具上的数据信息也将更好地反馈当前工作状态，例如工种效率、生产进度等情况。

多样性也可理解为完整性，数据的间断会对数据价值造成较大程度上的影响，甚至因数据中断导致无法使用。在工程实践过程中，经常有平台数据因不能完全支撑业务流程而中途放弃，改为传统的流程，造成数字化中断。结合当前数字化发展情况，完全实现业务数据的数字化是需要一段时间的，对于当前阶段应尽可能找到最小业务闭合单元进行数字化，从而进行业务替代，实现数字化价值。

（3）数据的管理：项目从开始到竣工产生的数据量是惊人的，如何将数据更好地归纳收集并为项目和公司服务是需要在前期重点考虑的问题。数据的存储、传递、交付都需要有相应的标准进行约束，比如实体的数字化就需要约定模型的存储格式、交互方式以及模型命名的标准、模型精细度等；再比如施工任务包的拆解、材料字典的标准等，也都需要进行统一和约束。

在完成数据标准体系建立后，数字化的核心支撑技术则是 3I 技术：BIM 技术 IOT 技术、AI 技术，以 BIM 模型为载体，通过 IOT 等相关技术采集数据，以及在业务管理过程中（质量管理、进度管理、成本管理等）产生的数据，均与 BIM 模型进行关联。每个业务线的数据在深度上均可满足业务管理诉求并以 BIM 模型为载体进行更具象的业务呈现和业务分析，在宽度上可通过 BIM 相关平台进行业务的协同，打破项目原有各部门存在的信息孤岛、管理散乱现象。各业务部门通过一定的数据标准进行规范汇总，形成整体的数据库，从而方便项目管理层更客观地判断项目整体状态。

（4）数据的应用：一线岗位作为数据获取的原点，应用内容应该以专业为落脚点，考虑项目整体专业能力和各岗位人员的接受度，综合考虑易用性、便捷性、高效性，目标则是让全岗位的人员都参与进来，同时改变以往网状的、留痕少的沟通方式，通过移动互联技术实现实时协同，将过程数据保留。让更多的人愿意用、频繁用是需要一直努力的方向，以此来获得真实、实时的数据来源。

项目应用需要综合考虑企业的要求、项目本身的特点与综合实力、结合业务紧要性与应用成熟度来确定应用内容，应以加强标准化执行、过程管理留痕，通过积累的数据形成预警机制并辅助决策。通过数字技术尽可能减少人为依赖并将管理经验进行数字化留存。

数据的积累对于企业的意义是重大的，比如提高生产力、提升业务分析与呈现能力、促进流程化程度等。企业应深刻理解数字化的意义，同时应做好数字化应用推广的规划，过程中应提前思考新技术与企业信息管理系统间的联系和区别，对不同项目设定不同的应用目标与应用内容，核心目的则是鼓励项目、岗位标准化、体系化的落地执行。综合利用线上数据监控、线下到场抽检的手段，以满足企业监管、服务、运营的诉求。企业更需要建立利用数据的工作方式和思维方式，深度挖掘数据的意义和内容，积累企业的核心数据资产，尤其是成本指标类数据，通过数字化的手段提升企业自身管理能力和核心竞争力，最终实现集约经营的目标。

3.1.3 实现建筑业企业的数字化转型升级

1. 企业数字化转型的三个维度

建筑业企业转型涉及三个维度：第一是生产维度，即用数字技术对工程项目的设计、生产、施工和交付等工程建设全周期进行提升；第二是组织维度，通过第一维度的数字化得到大量的数据，这些数据在企业、项目与个人之间变得透明，从而带来企业对项目管理和人员管理的变革；第三是价值链维度，通过前两个维度充分发挥数字化的效率属性，实现生产和管理的效率提升后，链接用户、建设方、分包方，使施工企业转型为平台，围绕工程项目及数字化平台，链接各方从而实现施工企业的价值链转型。

（1）生产维度：生产维度的数字化发生在三个场景，第一个场景是在项目办公室利用 BIM 技术实现工程项目的虚拟建造；第二个场景是在生产工厂以虚拟建造为基础，实现构件的工业生产；第三个场景是把数字施工形成的数据输送到施工现场，指导现场生产活动，同时运用物联网、AI 等技术采集现场施工的数据信息。

BIM 作为虚拟建造过程的核心技术主要做两方面的工作，一方面是设计深化和专项技术方案，BIM 在结构深化和机电深化、场地布置、脚手架设计等方面已经取得很广泛的应用；另一方面是施工策划，在设计深化的基础上，利用 BIM 技术完成施工场地布置、施工计划、资源计划的整合，完成数字化的施工组织设计。虚拟建造过程是生产维度的关键场景，一是 BIM 深化设计等技术在过去四年的应用中持续完善；二是行业多个大赛的影响力逐步扩大，比如"龙图杯"参赛项目数量近几年每年增长速度在 50%～60%，中建协大赛今年也将重新启动；三是 BIM 建模成本已由五年前 20～30 元/平方米，下降到 3～4 元/平方米；四是和过去相比，行业内 BIM 技术人才普及程度在加速，通过行业内越来越多的 BIM 咨询企业、施工企业 BIM 中心、软件企业培训也已经使得 BIM 人才快速增长。

工业化生产契合了国家推进装配式建筑的方向，根据《国务院办公厅关于大力发展装配式建筑的指导意见》（〔2016〕71 号），在 2025 年实现装配式建筑占新建建筑的比例达到 30%以上的目标。经过多年发展及国家政策鼓励，装配式建筑已经得到多方面的验证和推广，在技术上已经充分验证了可行性。工业化生产逐步会成为高层住宅等合适项目的主要建造方式，主要原因包括：劳动力紧缺问题逐步成为主要矛盾；行业对于施工环境、施工安全的日益重视；装配式项目数量增加带来的规模化成本下降；各地出现补贴鼓励政策。日本的高层住宅大量使用装配式建筑也验证了这个观点。数字技术特别是 BIM 技术，天然具备和装配式建筑高度匹配的特性，BIM 技术的应用会进一步降低装配式建筑应用的技术障碍。

智慧工地是根据虚拟建造的方案，去指挥现场的每一个劳务工人完成工作，并且运用大量的物联网设备，采集现场作业数据，包括人、机、料、环的数据，生产、质量、安全的数据，也包括模型信息量使用的数据。最后将这些现场数据与云端建造的数据进行比对，为进一步决策提供数据支撑。智慧工地将会实现两个"一"的精细管理，第一个"一"是通过两个武器，让每一个劳务工人升级到产业工人，即安全帽和手机。通过智能安全帽可以收集工人每天的工作信息，比如说考勤、工效分析、安全预警等。通过手机端，可以让每个劳务工人看到今天要做什么工作、什么样的方案、要达到什么样的质量标准。第二个"一"是指每一台设备的数字化，比如环境监测、塔机黑匣子、环境监测、深基坑、高支模的物联网监测，随着智慧工地的普及，日益变得常规化。

BIM 虚拟建造、工业生产、智慧工地三个技术在过去的五年里突然加速发展不是偶然，而是长远的趋势。背后驱动的因素是建筑业需要转型升级，劳动力紧缺，成本上升问题急需解决，而这三个技术都能帮助提高生产率、提高管理效率，以此来解决以上问题。

（2）组织维度：从组织维度来说，传统的企业管理项目的模式就是企业只对项目的目标和结果进行管理，过程管理更多依靠项目自身，存在的最大问题是企业和项目的信息不对称，不能进行规模化复制，企业决策的信息来源依靠项目的反馈，数据的全面性、真实性、及时性不能保证。

第一个变化是通过数字化管理方式，可以大大提高效率。例如用数字化的方式来看生产周会，进度有没有延误，现场发生了多少质量安全问题，有没有整改，作业现场有多少劳动人员、物料等情况非常清楚，聚焦讨论。经营分析会也可以通过数字化，得到更为准确的数据，指导准确决策。通过数字化的方式把虚拟建造结果上云，指导现场的施工，也能把施工现场数据及项目管理数据给企业，解决企业与项目信息不对称问题，让企业把对项目的管理由结果管理变成过程管理。这是数字化在管理上的重要价值。第二个变化是转变为大数据支撑的"大后台小前方"的赋能型组织。数字化管理项目，经过长时间多项目的历史沉淀，每个分公司有多少项目，项目在过去一个月时间完成的大概产值等数据不断积累到云端，形成大数据为企业各部门赋能。

（3）价值链维度：随着生产的数字化和组织管理上的数字化，商业模式也将随之变化，这是价值链维度的思考。从利用率来看，施工企业的利润率大概是 3%～3.5%，而房地产开发企业是 10%，施工企业处于整个价值链的 B 端。那么施工企业在价值链中如何提升呢？有的企业做多元化，本质上是把施工得到的资源去做地产开发，跟施工之间没有完全必然的联系，不能算作转型。

转型更核心的是通过数据流形成两个价值圈。第一个价值圈是建设方围绕着资金流，与咨询方和设计方形成。比如在数字化的社会中，全过程会变得更加重要，很多建设方没有数字化的能力，需要一个全过程咨询方来帮助其提升对数字化的掌握。第二个价值圈是施工方和相关分包方、供应商。传统情况下主要是围绕现场资源流展开工作，对工程建造信息了解最深。这两个价值圈的区别在于甲方价值圈里面主要是围绕着项目阶段微笑曲线一前一后两个数据，而施工方主要掌握整个施工阶段数据。两个价值圈本质上是交付模式和信息掌握的竞争。如果有一方将数据统一，掌握话语权，那么其价值链将会得到提升。

在这一方面，建设方已经在行动，例如万达的总发包平台、绿城 BIM 设计施工一体化平台，碧桂园 BIM 一体化平台和景瑞地产的 BIM 空间定制平台等。以万达举例，万达总发包平台包括万达、工程总包、设计总包和监理单位，使用同样一套模型、同样一份信息来管理工程。模型背后各种数据是该系统中最核心的内容。模型给万达原有的设计、计划、质量和成本四大系统做赋能，大家围绕同样的信息来开展工作。在设计方面搭建了 1000 个图库，有 12 套标准模型。在计划管理方面有 300 个管控节点形成非常清晰的计划管理模块。在成本管理上，1000 个族库的背后套进了清单工程量，建完模稍微调整后合同造价基本形成，这被叫作清单自动化。对于质量安全的管理，在系统里面预算规则，执行时把问题采集上来，系统会做自动的分析。

将三个维度统一来看，建筑业企业数字化转型具有效率和链接两种属性，其价值在于提高建造效率，进行资源整合，掌握信息主导权。

2.企业数字化转型的两项工作

（1）"T形"IT 系统的建设：毋庸置疑，数字化离不开 IT 系统，但管理制度的变革可能被很多企业忽视。数字化不是简单地把流程放到系统里，要让信息变得更透明，企业对项目和个人的信息更加了解，需要管理制度的变革。IT 系统需要建一个"T"形的系统。"T"的一横是施工企业传统和熟悉的流程式的企业管理系统，比如包括商机管理系统、经营管理系统、财务管理系统、工程管理系统、人力资源管理系统等，这些系统把企业各个部门的工作标准化、信息化。下面一竖是基于数据的项目管理系统，也是数字化系统最重要的部分。该系统分为项目数据采集和企业大数据平台两个部分。项目管理系统中没有过多的流程，更多是终端和触点。比如项目的数字化，一方面是建筑的数字化，利用 BIM 技术实现建筑实体的数字化；另一方面是要素的数字化，利用 IOT 技术采集现场发生的人、机、料的数据，劳动力进出场的数据，物料进出场的数据等；再者是管理过程的数字化，就是进度、成本、质量安全这些过程中的数据如何采集。所有数据汇总上来形成企业的大数据平台，支撑合同的分析、过程生产的管理、指标的管理、成本的分析和控制等工作。

在企业做数字化转型的过程中常见几种误区，一是完全放弃原来企业的系统去重建，二是企业系统简单的延续，三是容易低估操作层和管理层的阻力。第一种情况称为误区在于企业流程的标准化、信息化在工作中一直会用到，在将来也不会过时，完全放弃很可惜。第二种情况多认为是不是增加一两个 APP 就可以解决问题，而忽略了数据系统的建立不是简单地把数据采集上来，它需要围绕数据做标准化，最终才能得到正确的分析结果，这是数据系统的建设思路与企业系统的区别。第三种情况是数据系统下沉到项目的各个终端，当一线施工员、质量安全员等人员对数字化没有较高认识的时候，改变其工作方式是比较困难的。

IT 系统的建设存在个性化需求和标准化供给之间的矛盾。首先施工企业涉及业务十分复杂，包含技术、进度、成本 质量、安全、劳务、物料等内容，同时又有企业、项目两个层级的划分。其次是每个企业都存在特殊性，项目承接和激励管理模式、劳务物料管控力度都不同。同时还存在技术迭代非常快，现场没有合适的标准的问题。但企业集中管控的需求在增强，在这种情况下通常有几种方式。第一种方式是企业自研，但容易出现云、BIM、物联网等核心技术缺失，关键人才缺乏等状况。第二种方式是找中小厂商定制，但各个企业之间没有统一标准，数据无法集成，核心技术包括交付产品的质量无法得到保障。第三种是采购标准的产品，但很可能会出现业务匹配最后一公里难、系统整合难的问题。面对这些问题，统一平台加生态合作的方式才是出路。

（2）管理制度的变革：企业制度管理变革核心是信息的透明带来制度的变化，其变化会在几个方面。第一方面是项目管理模式的变化，比如直管的项目会用目标管理，挂靠的项目会用股份合作制管理，这一变化主要解决利益的打通，利益打通项目经理才有意愿把信息透明公布给公司。第二方面是商务管理制度的变化，比如采购招标制、结算会审制、开支会签制等。比如分包开支，不管是项目经理还是公司财务部，都知道分包单位质量安全做得如何，这会对商务制度管理发生很深的变化。第三方面是资源的集中服务，包含材料集中采购、设备集中管控和资金集中管理。由于企业对项目材料的使用、资金的使用非常了解，集中管理的效果会更好。第四方面是运作支持系统的变化，包含人力资源的管理、分配机制、信息系统都会发生很大变化。第五方面是生产管理制度的标准化，包含安全、质量管理标准化和绿色文明施工标准化。

3.企业数字化转型的节奏和策略

数字化转型实施分成三个层面：第一是战略层面，数字化不是一个简单的提升效率，它是转型升级的目标，需要高层有很清晰的愿景、战略和目标。第二是在组织上有核心的支撑，核心团队对数字化要背负责任，注重贯穿整个业务过程的用户和客户体验，建立正确的组织、环境和赋能体系。第三是执行层面要建立长期的技术和数据架构，进行适当水平的投资，设计把愿景落地的沟通计划。

关于实施的路径，建议从下至上由数字化岗位到数字化项目再到数字化公司。第一阶段数字化岗位，把现场各个终端的触点不断深化；第二阶段也是最难的阶段数字化项目，将要素数据整合，深入到生产过程中进行过程管理；第三阶段当大量项目实现数字化之后，上升到公司层面，进行组织流程的变革和管理机制的变革。这三个阶段价值并不相同，第一阶段提升单岗位的工作效率，第二阶段提升项目的管理效率，第三个阶段提升公司的经营价值。据判断目前很多企业正处于站在第一阶段，逐步过渡到第二阶段的状态。此时注意要清晰数字化公司转型升级的方向，立足于数字化岗位，踏踏实实把每一个终端数据用起来，并着手做项目的数字化。从传统到数字，创造建筑业企业的全新未来需要逐步转变的过程，需要有明智的策略、科学的节奏、先进的技术，也要有足够的耐心。

3.2　BIM 应用方法

BIM 作为一种涵盖多业务、多部门、多参与方的数字化技术，要想真正发挥其价值，核心离不开应用方法的支撑。BIM 技术的应用是一种组织行为，需要依赖于特定的内部和外部团队。公司、项目需要合理的分工与配合，按照适用于本企业的 BIM 应用方法实施才能更好地实现 BIM 应用价值。

企业的 BIM 应用方法一般按照项目管理理论分为 BIM 实施目标的设定、应用实施方案的策划制定、应用实施方案的执行、项目应用的总结四个步骤。首先公司与项目需要根据企业的 BIM 应用规划思路、要求及现阶段的实际情况设定应用目标，应用目标应能满足公司 BIM 规划的目的以及项目应用的需求，应用目标的达成能够清晰展现出公司应用规划的进程及项目应用的价值。为实现应用目标的达成，需要公司与项目根据目标及项目的实际情况，制定达成目标的方案，方案中需要明确具体的应用内容及要求，根据应用内容完成选择相关软硬件及配置、设计组织架构及分工、制定相关流程及制度等工作，从而保障后续 BIM 应用的稳步开展，从而达成应用目标。应用方案制定完成后，开始应用方案的执行与落实，考虑如何能够保障应用方案的执行落地，不至于方案停留在策划，实施工作中难以执行的情况。保障应用方案执行主要是要做好前期的准备和过程的执行，实施过程中，需要定期进行应用检视及应用汇报，从而保证方案的落地。在应用过程中和应用结束时需要不断进行总结，通过总结判断应用方案执行情况是否有偏差、如何调整，保障应用方案能够按照预期方向执行。通过总结可以积累经验、沉淀方法，为公司和项目不断完善 BIM 应用方法，以利于在其他项目继续推广应用。应用总结可以从实施过程、应用价值、人才培养、实施方法等维度进行总结。

　　BIM 实施目标的设定、应用实施方案的策划制定、应用实施方案的执行、应用的总结四个步骤，是 BIM 应用的一套实施方法，四个步骤相互关联、相互支撑，企业在推动 BIM 应用时须整体系统思考实施，不能割裂看待执行，只有这样才能实现 BIM 应用稳步向前的发展。下面我们将从 BIM 实施目标的设定、应用实施方案的策划制定、应用实施方案的执行、应用的总结四个方面详细阐释 BIM 应用方法。

3. 2. 1　明确应用目标

　　公司在开展 BIM 应用的过程中，必须有明确应用的目的及目标，设定目标时应按公司整体 BIM 应用规划进行阶段目标分解，同时结合公司自身的管理水平、管理特性及技术能力等因素考虑，从目前公司待解决的问题出发，思考为什么需要 BIM 技术？需要用 BIM 技术解决哪些核心问题？如何通过 BIM 技术解决现有问题？从而输出符合公司现阶段发展要求的 BIM 应用目标。公司的 BIM 应用目标需要通过项目的应用来实现，所以公司的应用目标要能清晰对项目提出可实现、可衡量的应用要求。

　　项目作为公司 BIM 应用目标实现的载体，项目 BIM 应用目标的设定必须要结合公司 BIM 应用规划的要求、现阶段公司应用目标的要求以及项目自身特点及需求进行确定。项目目标的确定既要回答项目应用 BIM 技术想要达到什么效果的问题，同时也要回答项目目标的达成是否支撑公司应用目标的达成问题。目标的设定要结合项目实际情况、人员能力，并综合考虑可能遇到的风险进行确定，同时应尽可能做到清晰和量化。

　　1. 目标设定整体原则

　　（1）实用性：当前 BIM 技术的发展已经处于理性期到攀升期之间，大部分 BIM 应用都已经可以实现真正落地，因此在制定 BIM 应用目标的过程中，应尽可能遵循实用性原则，考虑当前哪些 BIM 应用可以和本公司或本项目的实际业务环节和管理流程进行结合，并且产生切实的效益，这里的效益包括管理改进、效率提升、经济节约等方面。

　　（2）易用性：目标设定时，应该充分考虑企业及项目管理人员的 BIM 相关能力及现阶段企业的管理水平，BIM 应用应由易至难，先考虑简单易用点，再考虑复杂点，由浅及深逐步拓展应用。不要在开始就选择复杂困难点，这样会导致在应用过程中推进困难，不仅 BIM 应用未开展起来，还降低了企业对于 BIM 应用的信心。

　　（3）渐进性：BIM 应用是一个长期的过程，在目标设定时，应该遵循循序渐进的原则，避免全盘都抓，可采取由点及线再拓面的方式。我们可以根据项目情况先选择部分点状应用，待点状应用成熟后，再将点状应用拓展到一条完整的业务线，进行持续深度应用，最后再将各条业务线进行横向连接，形成整体应用，从而真正将 BIM 融入整个公司和项目的管理过程中。

　　2. 应用目标制定方向

　　公司及项目在制定目标时，可参考以下方向进行制定：

　　（1）技术目标：BIM 应用目前在很多方面都能够解决以往二维形态不能解决的技

术问题，我们可以根据项目当前存在的技术难题，考虑哪些方面可以通过 BIM 应用进行解决。例如项目管线复杂可以考虑采用管线综合碰撞检查，项目有精细化排砖需求则可以采用 BIM 砌体排布等。技术目标的设定是围绕需要解决技术难题来开展的，如果项目本身复杂程度较低，则未必需要采取大量新型技术，在技术目标设定时，务必注意实用性及适用性。

（2）管理目标：管理目标是 BIM 应用目标设定时不可或缺的部分，BIM 应用价值很大程度体现在管理方面，BIM 核心要解决的问题很大一部分就是管理的问题，这里包括对于管理水平的提升、管理模式的改善，促进各业务线的融合及信息的共享等，BIM 技术本身属于底层技术架构，最终是需要用模型信息来为公司和项目的各业务板块进行服务。

在设定管理目标时，要结合公司及项目的实际管理业务需求，分析公司及项目本身的特点，特别是管理难点及需要解决提升的方向，从而确定 BIM 应用的管理目标。例如当项目涉及参与方和业务部门众多时，可考虑通过 BIM 协同解决信息共享的问题；又如项目进度要求特别高，有进度精细化管理需求时，则可考虑基于 BIM 进行进度精细化管理等。

（3）方法验证及优化目标：BIM 应用是一个长期且持续的过程，不同企业由于管理模式及水平的不同，在开展 BIM 应用过程中方法也不尽相同。因此在 BIM 应用过程中，一定要注重方法的提炼与总结，并且在开展过程中不断优化迭代 BIM 应用方法。

公司层在进行方法目标设定时，应该站在企业自身发展的角度考虑，可以选择合适的试点项目总结经验，并将各种类型项目的应用经验及方法进行归类汇总，这里可以根据工程体量、工程类型、经营模式等方面进行总结，最终形成企业通用的 BIM 实施应用方法，从而达到可推广复制的目的。

项目在开展 BIM 应用时，也要进行方法的总结，公司总结的实施方法一般具有较好的通用性和实用性，但项目各方面的特点例如工期、项目体量、进度安排、商务管理方式、参建方对于 BIM 应用的态度等，以及 BIM 应用的侧重点、项目人员的能力往往存在着较大的差异，需要在项目实施过程中进行进一步的验证及优化。比如实施及业务流程、人员配置及分工、应用推进节奏等都需要不断进行优化完善。因此，项目应设定方法验证的目标，哪些实施方法在项目 BIM 应用中进行验证，什么时间输出验证结论和相应成果，以便不断优化和完善公司的 BIM 应用方法。

（4）人才培养目标：BIM 应用的开展核心离不开人才的支撑，因此公司和项目在开展 BIM 应用过程中，既要解决业务难点和管理诉求，同时也要把人员培养出来。

公司层在进行人才培养目标设定时，可以优先培养两类人才，第一类是培养懂 BIM 的管理型人才，既懂业务及管理，也懂 BIM 技术及其应用，这样的人才能真正站在企业管理的高度，促进 BIM 与业务的融合，从上而下进行规划及推进。第二类是要培养 BIM 实施人才，该类人员能够按照公司制定的 BIM 实施方案，推进 BIM 技术在各项目的落地，从而为后续企业 BIM 应用的批量复制提供支撑。

项目层培养 BIM 人才，可着重培养 BIM 技术人才及应用人才，技术人才培养比如通过本项目的 BIM 实践培养出几名结构建模人员、几名机电建模人员等。应用人才培养比如 BIM 生产应用人员、商务应用人员等。应用人才的培养应尽可能从各业务部门进行培养，这样能够将 BIM 与业务进行深度融合。

在设定人才培养目标的同时，还要考虑人才培养方法目标的设定，形成可复制推广的人员培训方法。比如人员培养方式、人员成长路径、人员培养内容、考评标准等。

（5）创优及创新目标：创优目标包括国家及地方对行业的评优奖项、评选 BIM 应用模范观摩基地等。公司层创优目标可以根据企业年度 BIM 规划相关内容或方向进行设定，比如国家级 BIM 奖项的申报、绿色示范工地等。项目层设定创优目标主要从项目自身出发，对于实际应用情况较深较好的项目，应积极参与国内外各类 BIM 大赛和模范观摩基地的评选，一方面是对自身应用成果的检验，另一方面可以通过大赛或观摩进行项目及公司品牌宣传，积累社会效益，彰显公司实力。项目创优目标的设定本身是对项目的一种引导与激励，使成果更容易清晰可见。

在创新方面，可以从科技论文或课题研究、工艺工法创新等方面考虑，摸索基于 BIM 技术的新型应用，同时还可以探索 BIM 技术与其他新型技术的融合应用，例如 BIM 与物联网、大数据、AI、3D 打印等技术的集成应用。

3.2.2　制定应用方案

应用方案是贯穿整个 BIM 应用周期的指导性文件，是落实 BIM 应用要求，达成 BIM 应用目标，实现应用目的的基础。明确应用目标之后，公司或项目须根据应用目标编制详细的应用方案，用于指导后续的 BIM 应用。

公司作为 BIM 应用的主导者，在进行 BIM 应用时，首先需要清晰公司在 BIM 应用中的职责，以及公司与项目之间的关系，公司层应用方案可根据公司整体规划，分阶段来进行编制，包括各阶段应用方向、所采取的 BIM 应用模式、公司 BIM 组织架构设置、BIM 业务流程设计、整体实施节奏、公司相关 BIM 制度等。

项目层 BIM 应用方案则应承接公司的应用方案，以及结合项目自身特点进行编制，对于现阶段项目 BIM 应用的推进来说，以项目真实的需求或难关作为出发点，以解决某些实际问题为目的显得尤为重要。项目层应用方案应尽可能具体详细并可落地，包括 BIM 应用点的选取、项目采用的 BIM 应用模式，项目 BIM 组织架构、分工及范围、项目各应用点应用流程、整体推进节奏及流程、项目 BIM 应用标准及应用制度以及其他相关保障措施等。下面从几个重要环节进行详细阐述：

1. BIM 应用范围选择策划

在进行应用范围选择策划时，公司层首先进行应用方向的规划，可从短期、中期、长期三个维度进行设计。短期规划包括试点项目及应用的选择，近期 BIM 应用重点方向的选定。中期规划考虑前期试点应用成果的推广，包括推广模式及推广维度的设定，同时在中期规划中还可以进行更多 BIM 应用的尝试及探索。长期规划则可考虑 BIM 应用与其他业务的融合，这里需要与企业的长期战略发展相结合进行制定。公司层的应用方向规划完成后，需要将规划按阶段目标进行拆分，根据阶段目标再拆分出各阶段的应用范围，必须明确各阶段的应用范围、应用深度及应用要求等内容。可以根据 BIM 应用复杂程度和价值程度的不同，对 BIM 应用进行分级处理，这样便于后续项目在选择详细应用点时，有明确的依据。

项目应用范围的选择策划主要在于应用点的选取，应用点的确定在满足应用目标的基础上还需要综合参考多项因素，包括公司的规划及要求、项目参建方对 BIM 的态度及关注点、施工方本身需求、项目自身工期状态及安排（项目所处不同施工阶段，开展的应用点及产生的效果会有所不同）、同建筑类型应用点选型及产生的效果（经验的借鉴可以减少不必要的弯路）等。每个应用点的设定应该与公司 BIM 应用规划中的应用清单相匹配，并描述清楚该应用点预期解决哪些问题、达到怎样的效果、应用开展需要的数据和产生的数据涉及哪些部门、应用到何种深度、确定相应的应用负责人及协助人、应用点实施流程以及可能涉及的考核机制等部分内容。

在应用点的选择上可以参照如下原则：先现实后理想，不轻信市场宣传，先做自己能做的，脚踏实地，落地应用。先热点后冷点，不做花哨的，先做对项目最有用的，经验复制，少走弯路。先结果后过程，先做容易的，快步小跑尽快出成果，结果引导。先纵向后横向，先做单业务线的，后做跨业务线的，以点带线，以线带面。此外，同一个应用点，应用的深度也要在 BIM 策划中做出细致的考量，应用深度与项目本身的客观条件（如人员意识、管理模式及力度等）有很大关系，具体实施前需要进行方案的可行性评估。

2. 软硬件配置

企业应当根据设定的 BIM 应用目标、选定的应用范围以及自身的业务需求和项目专业类型，选择合适的 BIM 软件（工具类和平台类）、硬件以及网络环境，进而确保 BIM 系统的稳定运行。软件系统的选型除了要考虑满足自身业务需求外，还需要考虑系统的可延伸扩展性，是否可以满足中长期规划发展目标的需求，是否能够实现与公司现有的其他系统的兼容、对接，在考虑软件系统的运行稳定性时还需要考虑供应商对售后服务响应的及时性和服务的品质。

项目 BIM 应用的软硬件选型应该承接公司的软硬件选型方案，然后参考项目实际情况进行调整。项目硬件主要是支撑项目日常建模、渲染、平台整合、终端数据采集以及日常应用等方面的需求，可以分成专业建模类硬件、终端数据采集类硬件、日常应用类硬件。在硬件选择上，专业建模类硬件要结合项目的 BIM 应用方案对硬件的要求进行考虑，比如模型建模的精细度、模型渲染的效果等决定硬件配置的情况；日常应用类硬件采取平常办公用硬件即可；终端数据采集类硬件需要根据应用范围确定，比如应用范围需要采集劳动力信息和物料信息，则需现在相应的劳务信息硬件和物料验收硬件等。软件选型方面，要结合公司软件情况及项目 BIM 应用规划，根据应用内容确定对应的软件。同时结合相关软件产品的技术标准、功能成熟度、供应商技术服务能力、数据承接情况、性价比等方面来综合考虑。对于没有丰富 BIM 实践经验的企业，尤其需要重点考虑购买后的技术服务问题，软硬件供应商是否能够提供可靠的服务推进系统在项目的落地应用。

3. BIM 实施组织架构及分工

公司在进行 BIM 应用时，必须有明确的组织架构，根据公司自身管理特点，可采取专职型组织，设置单独 BIM 中心，也可采用兼职型 BIM 组织，由某一业务部门牵头（通常为技术部）。BIM 应用的推进属于"一把手工程"，不管是采取什么形式的组织架构，总负责人必须是企业的关键决策人，这样能够决定整个企业 BIM 应用的方向，同时能够更好地调配内部资源，进而能够保证 BIM 技术真正的应用落地。当前很多企业在推广 BIM 过程中，由于组织架构设置的不合理，推动人没有决策权，导致 BIM 应用推动困难，不能真正与业务融合。公司在进行组织分工时，要从企业层面明确各职能部门的 BIM 应用要求，BIM 应用不是 BIM 中心或单独某一个部门的事情，其涉及很多的业务板块及业务环节，因此必须联合各业务部门共同协作，避免出现所有 BIM 应用集中到 BIM 中心，不能融入项目业务管理的情况发生。

在项目 BIM 应用实施过程中，一般涉及的参与方、业务及部门众多，建立一个合理的组织机构并明确相关人员的分工及职责将为后续的 BIM 协同开展提供便利和人员保障。项目层 BIM 应用的推进由项目经理或执行经理担任推进总牵头人为最优，对于领导班子成员，在日常岗位职责中应增加 BIM 相关职责，引起充分的重视。

项目层 BIM 应用组织架构中一般分为三类人：即项目管理层、BIM 实施负责层、实际业务操作层。管理层主要负责过程监督、贯彻执行力、输出管理层（项目层）价值；BIM 实施负责层主要负责推动整个项目的 BIM 应用，负责多方的沟通协调，在应用中分析总结以及价值的输出；实际业务操作层主要负责应用执行，贯彻落实与本岗位相关的 BIM 应用内容，并输出岗位级价值。

项目级组织架构的设立及分工可以分为领导小组（过程监督、技术及资源支持等）、技术支持组（由项目核心技术负责人担任，比如总工及机电部经理，提供强大的业务支撑）、实施应用组（又分为建模组和应用组，建模组的人员搭配要根据项目体量和复杂程度综合考量，应用组则需要确定每一个应用板块的监督人和对接人）。

4. 应用流程设计

在完成应用范围选择之后，BIM 应用要想真正落地，还必须结合公司和项目自身的管理流程，进行应用流程的设计。

公司层在本环节着重解决 BIM 流程与公司原有业务流程重复或相冲突的问题，公司首先应该根据选定的应用点，设计 BIM 应用流程，然后应该将 BIM 流程与公司原有流程进行对比，分析现有流程的优势，以及原流程中可替代之处，最后形成整合后的流程，并将整合流程进行试点应用，如果没有问题便可在公司全面推广。公司进行业务流程设计可以很好的解决以往项目工作重复、多流程同时运行，反而导致效率低下的问题。

项目层需要根据项目特点的不同，在进行 BIM 应用时，首先结合公司设计的 BIM流程，在公司未涉及的环节中，项目同样可以根据项目自身的管理模式，在满足公司要求的情况下，对业务流程进行改造，将 BIM 流程与原流程进行整合，这样能够为岗位层提效，为管理层减负。

应用流程设计是非常关键的环节，如果未进行流程设计或设计不合理，将导致大量重复繁琐的工作，这样 BIM 应用效果肯定大打折扣。当前很多项目和企业在 BIM 应用过程中，因为应用流程的问题，BIM 应用与项目管理脱节，最终导致 BIM 应用的失败。

5. 整体实施流程与节奏

公司及项目应该根据应用内容，制定整体的实施流程与节奏，明确各应用点或应用板块的开展时间、里程碑节点计划、各阶段需要交付的成果等内容，避免在实施过程中乱了方向和节奏。

实施流程大致可分为四大阶段：准备与策划阶段、试运行阶段、正式应用阶段和验收阶段。准备与策划阶段包括团队设立、应用策划及方案编制、软件培训、模型建立及校核、平台整合及调试等；试运行阶段包括召开启动会、组织试运行、应用方案优化等；正式应用阶段包括应用推进（各应用点分节奏推进）、过程检视、应用汇报等；验收阶段包括总结汇报、成果验收等。

6. BIM 应用制度

建立 BIM 应用考核制度方面，公司层可以将项目 BIM 应用考核设置为项目整体考核的其中一项。公司根据项目应用等级、应用要求设定相应考核标准，标准需要包括过程考核和结果考核两部分。公司将 BIM 应用检查作为公司对项目过程应用的检查内容，检查结果作为过程考核项，保证项目能将 BIM 应用贯穿到项目管理过程中。将公司对项目的 BIM 应用要求和标准作为结果考核项，保证项目 BIM 应用方向与公司规划保持一致，保障公司 BIM 应用能够在项目落地执行。建立 BIM 应用激励制度方面，可以对 BIM 应用中有突出表现的团队和个人给予一定奖励。比如如果有由于应用了 BIM 技术导致项目成本支出明显降低、项目管理效率明显提升等情况存在，就可以根据激励制度中的标准给予落地执行团队和个人相应的奖励，对于实施方法提出优化改进建议并被采纳的团队和个人也应给予相应的奖励。

项目层同样要建立起 BIM 应用考核制度，保证 BIM 应用能够稳步向前推进，达到应用方案设定要求，同时满足公司对项目的 BIM 应用要求。项目 BIM 应用考核应该包括对各岗位应用人员的考核和对项目管理人员的考核。对岗位层人员的考核：项目在 BIM 应用中应对各岗位应用人员设定 BIM 应用清单，明确应用内容、输出成果及标准设定考核制度，考核相应人员是否按照 BIM 应用清单实施并达到要求，比如模型是否专业全面，精细度是否符合要求等。对岗位应用人员的考核要注重过程和结果两方面的考核，保证各岗位人员能够将 BIM 应用贯穿到项目实施过程中，比如工程人员是否持续将 BIM 应用到生产管理过程中。对管理层人员的考核：管理人员需对项目 BIM 应用结果负责，所以应对其进行 BIM 应用结果的考核。BIM 应用的相关管理目标、实施方法目标、人员培养目标、创优目标等都应列入管理人员的考核项。比如项目 BIM 应用要求是否达到公司规划要求，项目人员培养是否达到项目应用方案设定标准等。

3.2.3 方案的实施与过程执行

应用目标设定好，应用方案制定完成后，如何进行应用方案的有效落地执行，从而实现应用目标，达到公司和项目的应用目的，就需要在应用方案的实施前期准备和实施过程执行两个方面努力。

1. 前期准备

在正式开始应用前，公司及项目必须做好充足的准备工作，为后续启动应用提供必要的支撑。前期准备主要包括应用环境的准备、应用资料的准备、应用能力的准备。

（1）应用环境的准备：应用环境的准备分为硬环境的准备和软环境的准备。应用硬环境的准备是指 BIM 应用所需相关软件、硬件的准备。根据应用方案选择的相关软件、硬件需要在正式使用之前进行安装部署、调试完成，确保应用能够顺利进行。比如 BIM 应用的高性能计算机是否采购、采购的配置是否满足、采购的数量是否满足；BIM 应用的相关岗位所需的软件和系统平台是否采购完成、安装调试完成。在进行软硬件安装部署调试阶段时，公司和项目需要安排相关对接人参与，熟悉安装、调试过程，对后期可能出现的常见问题能够快速排查解决，避免后期由于软硬件问题影响后期应用。

应用软环境的准备是指应用氛围的营造，全员应用意识提升，加强应用重视程度。在正式应用启动之前，需要在内部营造必须应用 BIM 的氛围，给相关人员灌输不是需不需要用的问题，而是必须要用、而且要用好的问题。这时需要发挥组织的力量，从上到下进行应用方案的宣贯、应用要求的强调，过程中要有一定形式的保障，比如组织 BIM 应用方案学习及考核、让应用方案中涉及的相关人员清晰明确对自己的应用要求；从公司层面召开试点应用启动会，让项目领导清晰公司对试点应用的重视程度，在启动会上对试点项目领导提出应用要求，清晰责任；在项目上召开项目应用启动会，会上对应用相关负责人进行授权，对相关人员提出明确要求，让项目相关人员清晰职责、重视应用。

（2）应用资料的准备：在正式启动应用前，需要根据应用方案梳理出所需要资料，并在应用之前准备好相关资料，比如应用所需模型、进度计划、成本资料等相关资料。资料的准备需要与应用进度相符合，才能达到应用的效果。比如机电管线综合模型，需要在机电安装施工前完成，才能有效指导施工，达到应用目的，不然管线综合模型建模进度赶不上施工进度，管线综合模型应用就失去了事前指导施工的应用目的。资料的精细度要符合应用方案要求，不然也会影响应用效果。比如施工生产精细化管理应用，需要准备施工进度计划，如果施工进度计划编制精度不够，就很难做到后期进行施工总进度计划、月度计划、周计划与实际进度进行对比咬合，进行进度风险预警防范。

资料的准备需要由 BIM 应用负责人牵头制定出资料准备计划，包括资料内容要求、资料准备进度要求、资料质量要求、各资料准备负责人等，由组织结构中各业务板块负责人对本业务板块所涉及的资料完成进度和质量进行把关，由项目 BIM 应用负责人对资料准备整体进度、质量进行把关。

（3）应用能力的准备：应用方案的实施最终会落到个人身上，那么相关人员能力是否支撑应用，会决定应用方案是否能有效落地执行，决定应用目标是否达成，是否实现应用目的，所以在应用之前要做好人员能力的准备。人员能力的准备包括：软件系统应用能力的准备、业务流程应用能力的准备、应用过程管控能力的准备。

软件系统应用能力的准备方面，应用方案中各应用点涉及的相关人员是否具备所需要的软件、系统的操作应用能力，决定后期是否能够完成执行应用。所以在应用前需要对应用所涉及的软件和系统进行梳理，对人员掌握相关软件、系统能力进行盘点，判断是否需要对人员进行相应的赋能培训。比如建模人员是否掌握相应的建模软件、进度计划编制人员是否掌握进度计划编制软件、相关过程应用人员是否掌握 BIM 系统移动端、云端操作等等。根据人员能力盘点结果，制定相应的培训计划，由项目 BIM 应用负责人进行人员能力盘点，并制定培训计划和组织培训。培训课程和讲师的选择可以采用四种方式，项目有具备培训能力的讲师可以由项目人员进行培训，项目人员不具备培训的能力但公司 BIM 中心具备培训能力的可以由公司 BIM 中心派讲师进行培训，如项目与公司都不具备培训能力，可以考虑由软件、系统供应商提供培训，或者聘用第三方培训咨询机构进行培训。培训后要对参训人员进行考核，确认培训效果及后续能力培养提升方向。

业务流程应用能力的准备方面，在应用方案中已设计了各业务版块涉及的应用点的应用流程，该应用流程与原有工作流程模式或多或少会有所差别，相关人员是否掌握设计的应用流程，决定了是否能够达到应用效果。所以需要对相关人员进行应用流程的交底、培训和考核，保证相关应用人员清晰掌握应用流程和应用要求。

应用过程管控能力的准备方面，为了达成应用目标，实现应用目的，在应用方案中制定了各应用点的应用要求、应用推进计划、应用保障制度，相应的组织架构中设定了各业务板块负责人和整体推进负责人，而相关负责人能否将应用制度落实，保障应用进度和应用质量，也会影响应用目标、目的的达成。所以在应用之前各业务板块应用负责人和项目应用负责人需要掌握应用过程管控能力，需提前对各应用点进行梳理制定过程管控点、设定管控周期、管控方式等，比如安全管理应用，可以设定危险源检查周期，问题闭合率等作为过程管控点进行过程管控。按设定的管控点、管控周期、管控方式结合应用制度，对应用进度和应用质量进行有效管控。

2.过程执行

过程执行是将应用方案执行落地的过程，要求项目相关应用人员按照应用方案制定的应用范围、应用流程、应用要求、应用计划等严格执行，保证应用质量和应用进度。应用执行过程分为试运行和正式应用运行。

（1）应用试运行：在应用方案制定完成、前期准备工作完成后，将开始进行应用执行。在应用执行时要先进行应用试运行，因为应用方案中各应用点的应用流程设计是根据公司对以往项目的应用总结和借鉴其他公司和项目的应用经验进行设计的，该应用流程是否适合本项目，在实际应用中各流程相互间是否有冲突，人员操作是否繁琐等问题都有可能存在，所以需要进行应用试运行，检验应用流程是否有问题，进而探索修正调整的办法。

试运行周期一般可设定在两周左右，在试运行期间要保证相关应用人员严格按照应用方案的应用流程进行执行，各业务板块负责人要监控及保证实施执行质量及关注应用过程，详细了解应用过程中存在的问题。试运行结束后，BIM 应用负责人与各业务板块负责人，对试运行过程进展复盘总结，对过程中有问题的流程进行优化调整，对应用方案进行修正。试运行结束后，要召开试运行应用总结会，对试运行进行总结，对修正的应用方案进行宣贯交底，同时宣布启动正式应用。

（2）正式应用运行：试运行结束后，进入到正式应用运行。正式运行过程中要做到各相关应用人员严格按照应用方案执行、做好应用过程检视及应用汇报。各应用人员需要按照应用方案中各应用点的应用职责，严格执行，包括应用流程要求、数据采集要求、管理动作要求、应用周期要求等。做好应用过程检视要求 BIM 应用负责人及各板块应用负责人，在应用过程中，要定期做好应用数据检视，确保各应用人员能够持续按照应用要求进行执行。在过程检视过程中，严格执行应用制度，责任到人，对于应用执行好的个人和团队进行表彰激励，对于应用执行不到位的个人和团队按照制度进行相应处罚。BIM 应用负责人对于过程应用结果可以利用 BIM 系统数据整理分析，形成应用日报和应用周报，定期在公司及项目通信群组中进行播报，鼓励大家持续进行应用。做好应用汇报要求除了要做好检视之外，还要定期进行应用汇报，应用汇报主要由项目 BIM 应用负责人来主抓，建议召开应用汇报会，以 PPT 形式进行汇报。应用汇报的主要目的是让全员了解当前应用情况、应用成果和应用价值，从而增强团队成员 BIM 应用的信心，同时让大家了解当前存在的问题，并及时进行调整。通过汇报，可以不断促进项目的应用，同时汇报也为项目 BIM 应用交流提供了机会。

3.2.4　BIM 应用总结

对于 BIM 技术的应用，不论作为规划及推动作用的公司还是处于执行与实践的项目都要进行总结。公司通过总结不断优化与完善 BIM 应用方法，形成在公司范围内进行可推广的 BIM 应用实施方案，对项目应用进行切实可行的指导。项目 BIM 应用推进过程中，应该及时总结问题、经验以及给项目产生的实际价值。问题应及时解决，以免影响实施推进；经验应及时分享，以避免走更多的弯路；产生的价值应及时呈现，让大家看到效果，增加信心的同时引起共鸣，形成应用上的良性循环。BIM 应用的总结可以从以下四个方面进行。

1. 实施过程总结

（1）对于公司而言，应根据 BIM 应用规划情况对 BIM 应用的推动过程进行复盘总结。总结应用项目的选择，复盘总结影响项目应用的因素，比如项目的类型、项目体量、项目施工周期、项目难易程度、项目人员配备情况、项目班组的创新意识等因素，根据不同的影响因素总结出不同类型的项目的特点以及应用推动的方法。总结对应不同类型及特征的项目所对应的 BIM 应用方案，比如与住宅项目相比，医院项目管道种类数量更多，这时对净高的要求就比较高，所以对于医院项目，需要采用 BIM 技术进行净高分析，保证净高在设计使用需求范围内，而住宅项目的管线少，对净空的控制要求也没有医院那么高，在 BIM 应用中就不需要对净高进行分析。总结不同岗位应用清单及成果输出，比如项目技术人员对于复杂工艺及复杂节点对现场人员进行交底时，常规方法不容易清楚展示及表达，如采用 BIM 三维方案交底，直观易懂，所以对于技术部技术人员 BIM 应用清单中就需要明确列出复杂节点 BIM 三维交底方案、输出成果三维节点图等应用内容。总结不同应用内容对应的软件，需根据项目实施应用反馈，总结不同应用内容、不同应用环境下所采用的相关软硬件，所采用的软硬件一定要从实际的应用内容出发，需能达到应用要求，同时还需要考虑软件的易用性与普及性。

（2）对于项目而言，需要在 BIM 应用过程中以公司 BIM 应用规划及项目 BIM 应用策划为依据，进行不断的总结、纠偏。首先对公司 BIM 规划中的项目应用要求和标准进行偏差分析，检视项目 BIM 应用结果是否达到公司对项目的 BIM 应用要求和标准，是否存在偏差。分析出现偏差的原因，并将影响因素进行总结反馈给公司，以便公司对该类型项目的 BIM 应用要求和标准做进一步细化和完善。同时还要对项目的 BIM 应用策划进行检视分析。项目现场实际情况变化很快，也有很多无法在前期预测的因素，因此在 BIM 应用执行过程中容易出现应用结果与预期不完全一致的情况，这就需要我们在应用过程中及时进行总结，及时发现偏差并分析原因，分析出哪些是执行的问题，哪些是外界条件的问题，以便能够尽快调整应用方案。过程中不断总结，哪些方面是执行好的，哪些好的经验在后面需要继续保持；哪些方面是存在问题的，需要如何改进并在后期的工作中重点关注。

2.应用价值总结

对应用价值进行总结，以便判断公司的应用规划及项目的应用策划执行的情况是否有成效，对衡量 BIM 应用阶段性成果，提振企业 BIM 应用信心作用明显。应用价值总结可以从以下三个方面进行。

（1）管理效益：与公司应用推动规划和项目应用实施策划设定的目标和应用要求相比，总结公司对项目的业务管理和项目自身的业务管理上是否达到要求及标准，相比传统管理模式有哪些方面的提升。如公司对于项目的部分业务数据的来源相比传统模式更加及时、准确，使公司对项目的业务指导更有依据。另外，项目上与原有业务管理流程相比，通过 BIM 应用精简了管理流程，或者在原有流程基础上使管理更加精细化、能够通过相应的业务数据进行业务分析和决策。如通过 BIM 应用，使质量、安全问题的复检闭合率大幅度提升，并能定期快速总结输出质量、安全报告，能够从问题类型、整改完成情况、相关责任人管理等不同维度进行详细分析。

（2）经济效益：与原有业务流程相比，通过 BIM 应用，从成本、效率上有哪些显著提升。比如通过模型进行深化设计，在施工过程避免碰撞等带来的整改、变更减少；通过模型的应用，使混凝土浇筑用量更加精准、便捷，相比以往传统模式，浇筑前提量更加快速、准确，同时通过计划与实际用量进行对比，大大降低用量损耗等等。

（3）社会效益：公司及项目通过 BIM 技术的应用与推广，获得了相关部门的认可和奖励，使企业在软实力方面得以提升。比如获得的相关奖项数量、相关领导肯定、相应的交流参观次数及人数、相应的媒体曝光情况等等。

3.人才培养总结

人是 BIM 应用的关键，人才培养的重要性不言而喻。公司是项目的人才资源库，项目是公司的人才实训基地。项目结束后应该对项目人才培养方面取得的成果进行总结，总结的内容主要包括：人才培养的策略（是采用公司驻场辅导的方式还是借助第三方的经验，还是两者相结合）；人员培养的路径（是先理论再实践，还是阶段实践加考核）；人才培养目标的设定（按人数、考评结果、证书获得数等）；是否对人才有明确的分工和定位；对不同层级或者业务部门的培养是否有针对性的课程和考核设计；是否建立营造良好的学习氛围和分享机制；是否有与外部的相互交流和学习等等。

4. 实施方法总结

项目应用结束后，公司和项目要对 BIM 实施方法进行必要的总结。公司根据目前 BIM 应用阶段是属于试点阶段还是推广阶段，总结出项目试点应用推进方法或 BIM 应用项目推广方法，将相关方法进行总结，有效指导后续工作的持续开展，如项目选定、项目应用范围确定、项目经理授权、试点应用启动、过程检查、结果考评等等。对于项目应总结项目应用的实施方法，如应用方案制定、应用组织搭建、启动会召开、试运行、正式运行等等，保障在其他项目开展 BIM 应用时能够有序进行。这些方法、经验的总结，一方面是对公司及项目原有方法的补充和优化，一方面是对于其他类似项目避免走弯路的宝贵经验。

第4章 建筑业企业 BIM 应用——案例汇编

通过以上分析我们发现，随着近几年 BIM 技术在施工阶段的应用，有相当一部分企业对 BIM 技术有了更加客观和全面的认识。不同企业自身的管理模式和管理水平有所不同，引入 BIM 技术时间不同，各阶段对 BIM 的需求也不尽相同。同时，不同企业因选择的 BIM 应用路径不同，在具体应用和推进速度、应用效果上也有所差异。面对BIM 技术革新，各企业在应用过程中完全照搬别人的做法是不现实的，只能结合自身特点在应用实践中不断总结出适合自己的落地方法。在此，编写组针对不同的项目类型选取了多个典型的应用案例进行介绍，希望能给大家一些参考。

4.1 景德镇御窑博物馆项目 BIM 应用案例

4.1.1 项目概况

1.项目基本信息

景德镇御窑博物馆项目位于江西省景德镇市，项目由博物馆主体、历史街区修缮、市政道路改造等多个部分组成，其中博物馆建筑总面积 10400m²，为双曲面异型拱体结构。项目的另一部分是御窑厂周边历史民居街区修缮，由 360 栋古建筑修缮、1380m 古排水渠建筑修复、13.1hm² 古街区里弄道路改造等多个部分组成，总工期为 3 年。

2.项目难点

（1）双曲面结构质量控制：鉴于双曲面结构的特殊性，为保证双曲面结构精准度，设计团队以每隔 50cm 的剖面作为控制点，针对项目的 8 个拱体分别出具了 800 余张拱体剖面图，而且由于双曲面结构的复杂性，对于结构主体的施工、模板支设控制以及浇筑完成后混凝土实体的实测实量工作均无类似的工程经验来借鉴。

（2）御窑遗址厂区场地运输规划：御窑博物馆设计在景德镇老城区市中心御窑厂遗址原址之上，地下埋藏历朝历代重要历史遗址及文物，前期施工地下工程的清理运输需要进行科学的考察和规划。

（3）大平面历史街区管理：现场 360 栋修缮单位，共计 13.1hm² 施工作业面，需每天进行巡查及人、材、机具统计，同时施工人数高峰期可达 400 余人。同时古建专业工程师稀缺，修缮工程专业负责人一共仅 3 位。

3.应用目标

（1）利用信息化、数字化的资源和技术来完成异型结构新建和重要历史街区修缮两个工程的质量控制，为团队乃至企业积累技术基础。

图 4-1 景德镇御窑博物馆项目效果图

（2）培养一批既具有工程技术能力又具有 BIM 等数字化手段应用能力的复合型工程人才。

（3）探索一条基于 BIM 等数字化手段的技术质量管理流程。

4.1.2 BIM 应用方案

1.应用内容

（1）综合智能建造解决方案：针对双曲面异型结构独特的施工要求及周边特殊复杂历史街区情况，项目部根据工程施工流程节点，将 Hololens 全息眼镜、三维放样机器人及三维激光扫描仪分别运用于施工的前期模型交底、中期施工控制、后期实测实量阶段。

（2）修缮街区数字化管理：针对大平面历史街区的工序质量安全管理，利用 BIM5D 的工艺库和构件跟踪，基于移动设备，对 360 栋历史修缮单体的多工序进度、质量安全、方案交底等工作进行管理。

2.应用方案的确定

（1）团队配备方面，由于数字化应用涉及技术、质量、成本、现场管理多个业务部门，BIM 等数字化应用人员采用矩阵式组织架构。同时基于不同专项技术，如无人机、三维扫描、BIM5D 平台应用，由指定专业工程师负责专项技术，形成由 17 人组成的、涵盖项目全履约内容的项目级 BIM 应用团队。同时，为了将智能建造技术切实应用到双曲面拱体的质量控制过程中，将 QC 小组与 BIM 小组成员深度融合。

（2）软硬件配备方面，根据项目施工的难点需求及阶段目标，采用了广联达三维场布、Rhino、Revit、VDP、Trimble（TOP 及 Realworks 插件）等软件。针对解决双曲面结构的智能精准施工问题，项目部采购了 7 台高配 BIM 工作站、天宝 RTS771BIM 放样机器人、Hololens 混合现实头盔以及三维激光扫描仪。

4.1.3　BIM 实施过程

1. 实施准备

（1）人员培训：对于项目人员的培训主要分为三种类型，即 BIM 理论及策划培训、BIM 建模基础培训、BIM 智能设备实操培训。培训主题根据应用时间节点的需要而定，对不同业务部门的工程师进行针对性培训，由具体软硬件服务商提供培训内容及讲师，做到逢培必考，巩固学习质量。

（2）模型规则的制定：项目模型规则按照中建一局 BIM 建模标准执行，包括构件样板族、系统分类、模型细度、扣减规则、族与模型的命名等。同时，统一模型在各软硬件之间传递的规则，保证信息的完整。并且制定设计变更、洽商对模型更改的记录整改样表，保证模型的时效性。

（3）明确 BIM 成果要求：在本项目中，BIM 技术应用产出的成果文件包括结构、建筑、幕墙、机电、市政园林、古建等专业模型文件，设计方案验证报告、碰撞报告、模型变更报告，BIM+PM 资料，动画文件，设备交互文件等。

（4）制定 BIM 科技成果总结奖励：本着推广 BIM 技术，提高项目部成员对新技术学习的积极性原则，项目部对于参与 BIM 工作并达到一定成绩的项目部成员进行考核与奖励。

① 参与 BIM 建模的员工，确定好建模周期后，按 100 元/天的加班补助进行奖励。

② 利用 BIM 及建造信息化技术，如 Revit、无人机、VR、MR 技术，进行技术交底、辅助测量、施工指导的员工，根据集团对 BIM 应用点的考核要求，考核通过给予相应奖励。

③ 对于利用 BIM 及建造信息化技术有技术创效的员工，按技术创效 10% 进行奖励，最高不超过 3000 元/项。

④ 对于善于总结 BIM 及建造信息化技术，形成论文工法的员工，除集团或公司奖励外，项目部再进行额外奖励。

⑤ 所有项目部 BIM 组成员在项目及公司评优中，BIM 技术能力作为优先考虑因素。

⑥ 在项目期间通过行业 BIM 考核并取得证书的员工，报销考试报名费用。

2. 实施过程

（1）遗址环境场地规划：周边区域内有大量的民居及巷弄，且房屋、院落错综复杂、非常密集。施工区域内无法设置大规模的堆料场及加工场。同时，地下工程的清理物料运输不便，大量的历史土层渣土无处堆放，在错综复杂难以分辨方位的巷弄中很难发现代替路径来解决材料进出问题。通过利用无人机对周边街巷进行航拍，建立了该部位的 BIM 模型后，发现在距周边街区迎瑞上弄不远的新当铺上弄里，内部可以打通一条运输路线，供物料及设备进出。同时，也通过该方式从多个街巷中，确定了彭家下弄等四条主要运输路线作为博物馆地下工程的运输路线。

图 4-2　遗址环境 BIM 模型

（2）窑砖砌筑墙体排砖：本工程的修缮单体中除了穿斗式木结构作为承重结构之外，还有大量的砖结构砌体围护墙，且均由当地特色的建筑材料柴窑砖砌筑而成。柴窑砖的物理特性与传统砌块砖有所区别，项目团队利用广联达 BIM5D 平台，对 360 栋中的多类代表性窑砖墙体进行快速排砖，并导出窑砖工程量，辅助施工及商务算量工作。

（3）大面积街区现场管理：现场 360 栋修缮单位共计 13.1hm² 施工作业面，需每天进行巡查及人、材、机具统计，同时施工人数高峰期可达 400 余人，并且古建专业工程师稀缺，修缮工程专业负责人一共仅 3 位。为提高信息沟通效率，项目采用"移动端＋云平台"的方式对每日巡检内容进行现场数据的快速记录、管理及储存。由于现场建筑数量众多，故采用总平图建模，以体块作为一栋修缮单体，并在 BIM5D 中赋予其流水及工序信息，利用工序库将修缮的施工交底内置到手机移动端中，便于不熟练的施工班组更加方便快捷地查询交底内容。并采用动态二维码关联工序库，现场更新工序进展并通知相关工序责任人。利用基于云平台对大面积的街区进行管理，记录施工中产生的各种管理问题，大幅提升了 3 名古建专业工程师的工作效率，减轻了编写记录文件的负担，同时可直接从云端导出管理数据也提高了古建分部的资料完成度。

（4）双曲面异型拱体结构的智能建造解决方案：针对双曲面异型结构独特的施工要求，项目部根据工程施工流程节点，将 Hololens 全息眼镜、三维放样机器人及三维激光扫描仪分别运用于施工的前期模型交底、中期施工控制、后期实测实量阶段。

① 模型深化：在模型技术方面，单一的 Revit 模型已经无法满足一个异型建筑项目 BIM 技术的需求，因此项目部针对不同技术难点采用了不同的软件配置，选用多种模型软件，从特殊幕墙节点构造、异型模架体系，到现场临建的规划以及施工展示样板区均进行了可视化的模拟和交底。

结构方面，主要利用设计方提供的犀牛模型，通过 3Dmax 和 Sketchup 软件的互

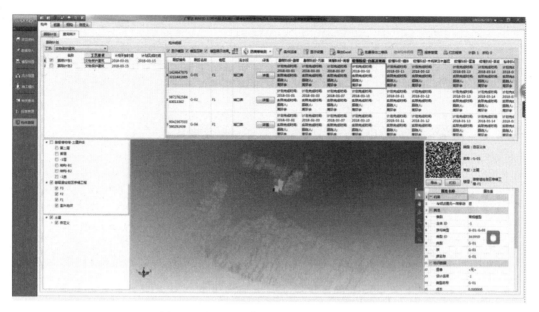

图 4-3　基于云平台对大面积街区进行管理

导，得到 DWG 格式文件，再导入 Revit 中建立双曲面拱体模型，结合机电模型，在 Revit 中进行碰撞综合，修改得到结构深化模型。机电方面，利用 Revit 的 MEP 板块进行了机电专业的深化工作。由于本项目结构异型的特点，机电管线的弧形安装也是一个难点，项目前期花费大量时间精力进行管线优化工作，建立了包含支吊架在内的 LOD350 深化设计模型。在进入安装阶段后期，通过深化模型的快速出图并结合智能设备，提高安装工作的精确度。

②　MR 技术工程交底：Hololens 作为一种可穿戴智能设备应用场景，项目部发挥了另一个优势，即用 1∶1 等大模型与施工现场结合。项目部将拱体模型、幕墙施工节点模型以及机电支吊架模型在施工现场等比例显示，找到模型与现场的重合角点，让施工现场与模型重合，在施工现场直接进入了已完成的建筑模型中，直观检查异型拱形结构、幕墙施工节点以及机电支吊架完成的情况，总包工程师对模型直接对位置以及尺寸等信息进行讲解，将模型与现实结合在一起，真正达到所见即所得的效果。

③　双曲面模板精准放线：利用能够基于 BIM 模型进行三维空间放样的智能型全站仪，在 Trimble Realworks 插件中，用深化调整后的 BIM 模型生成控制点清单，只需要一个测量工程师，就可以对建筑的任何部位进行抓点、放样及完成面校核工作。由于放样控制点众多，首先需要编制项目级的放样基点编号列表并确定命名规则。将模型导入放样机器人的手簿中，使用 BIM 放样机器人对现场放样控制点进行数据采集。直接通过手簿选取 BIM 模型中所需放样点，指挥机器人发射红外激光自动照准现实点位，实现"所见点即所得"，从而将 BIM 模型信息精确地反映到施工现场。

④　双曲面拱体结构实测实量：对于双曲面拱形结构的实测实量技术目前在行业内尚无可寻的参考方法与规范，而三维扫描进行实测实量是一个能全面体现拱体施工质量

图 4-4　双曲面模板精准放线

精度的方法。以 5 号拱为例，在扫描工作开始之前，项目部成员先对扫描拱体周围环境进行勘察，确定拱体周围的遮挡物及内部空间情况，在相邻两站之间均匀分布多个表把球，保证任意测站点至少有 3 个标靶与其通视。用扫描仪对已完成的双曲面结构进行三维扫描之后，在 Trimble Realworks 中自动将多站点云模型进行拼接调整，将得到的完整拱体点云模型与 BIM 模型叠合，生成实测实量色块偏差图。此类异型结构的测量工作，通过三维扫描仪的应用，很好地解决了传统实测实量方式无法解决异性结构的难题。

4.1.4　BIM 应用效果总结

1.效果总结

（1）双曲面结构质量控制水平提高：通过基于 BIM 及智能设备的综合应用，一方面辅助首创了可调曲率双曲面拱体模板体系，并成功利用放线机器人和三维扫描仪进行了全过程的质量控制，成功通过了江西省省级优质结构工程，并荣获 2018 全国建筑业协会优秀质量控制成果入编光荣册。

（2）御窑厂场地运输中做到合理规划：在复杂的历史街区中成功通过航拍和实景建模，规划多条物资运输路径，减缓了现场材料运输和垃圾清运的压力。

（3）大平面历史街区管理能力增强：在 BIM5D 的工艺库中，现场管理工程师和施工班组技术人员能够快速地通过手机查询相关施工工序的方案，并且随时通过二维码记录到云端，实现了 13.1hm² 建筑群修缮的数字化管控。

2.方法总结

（1）双曲面拱体模板创效：通过基于 BIM 的质量控制过程，研发出了滑轨移动式可调曲率模架体系，大大提高模架使用效率、交底考核效率、测量数据分析效率，达到 6 个拱体结构的一次合格通过验收，降低了大量返工费用，提高了施工效率，单个拱体平均节约工期 15 天。自行研发专利模架体系，模板施工成本减少 31.2 万元。

（2）科技成果总结：项目获得第七届龙图杯施工综合一等奖、江西省首届 BIM 优秀作品评选一等奖、北京市建筑业协会 I 类 BIM 优秀成果，同时入选 2018 年及 2019 年中国建筑业协会国家 QC 优秀成果，弧形建筑的凸模板、凹模板组件及其组成的模板体系获得专利认证，总结出应用三维扫描对已有建筑测量及逆向建模的方法、变曲率拱形结构采用放线机器人进行测量及放线方法两套工法。

（3）社会品牌效益：由于本工程技术方面的难度和利用 BIM 技术成果解决了双曲面拱体的施工难题，中央领导、地方领导、新闻媒体多次到项目进行检查指导和采访，作为中建一局国企开放日的重要站点迎接广大市民参观，并作为中央四套《走遍中国》智能施工板块中的重要展示项目接受专访，于 2018 年 8 月 13 日在全国播出，树立了中建一局在科技领域方面的良好企业形象。

4.2 乌鲁木齐文化中心音乐厅项目 BIM 应用案例

4.2.1 项目概况

1.项目基本信息

乌鲁木齐市文化中心工程由大剧院、图书城、博物馆、美术馆、城市规划馆、音乐厅、中心文化塔 6 个场馆组成。由市文化传媒投资有限公司兴建，长沙市规划设计院有限责任公司设计，新疆城建集团施工，新疆新建联项目管理咨询有限公司提供 BIM 服务。

作为乌鲁木齐市新的文化地标，以"雪莲"为造型的乌鲁木齐市文化中心将与新疆国际会展中心的"天山明月"交相辉映。音乐厅正是雪莲花瓣中璀璨的一片，其建筑面积 23399.22m²，属一类高层公共建筑，在平台层上为椭圆形建筑平面，长轴 100m，短轴 63m，主要功能包括 1200 座音乐厅、400 座多功能剧场等功能。

2.项目难点

（1）本工程由 3 个施工单位同时施工，保证现场合理利用、物料运输畅通、群塔作业有序，合理统筹布局整个现场的出入口、起重机械位置、材料堆场及施工道路规划是本工程的重点也是难点。

（2）本工程平面定位轴线多且十分复杂，按照椭圆形的长轴、短轴定位轴线组，轴线达 100 多条，每组不垂直、不平行，特别是下小上大的定位线呈放射状，加大了斜梁斜柱的定位难度，常规经纬仪方法放线无法满足工程的需要，测量内控点布设难度高。

图 4-5　乌鲁木齐文化中心音乐厅项目效果图

（3）钢结构生产加工在场外进行，需要保证每一根柱、每一道梁运输、吊装准确到位，避免二次搬运。钢结构与钢筋交叉密集，施工质量难以保证。同时不规则屋盖系统整体提升过程中其重心和空间受力变化复杂。

（4）项目采用曲面弧形的悬挑开放式幕墙设计，需解决金属、玻璃幕墙的平面测量和空间定位困难的问题。

（5）本项目机电各专业管线众多，安装空间狭小，管道优化排布工作量大，建设单位对天花高度要求及装修质量要求都非常高。

（6）本工程基坑为深基坑（舞台最深深度 16m）且基坑存在多个不同基底标高，地下工程较多且穿插复杂，工况分析难度较大。

3. 应用目标

项目要求基于 BIM 技术提前对工程质量、安全、绿色施工等全方面策划，将 BIM5D 平台的应用融入项目管理。要求项目 BIM 实施以项目级综合应用管理云平台为主线，将土建、钢筋、安装、钢结构、幕墙专业 BIM 模型集成于该平台。在全公司范围内起到示范推广项目 BIM 应用，为公司培养项目 BIM 工程师人才，同时取得 BIM 技能等级证书。建立齐全的项目 BIM 技术应用管理体系，完善项目族库、建模标准规范及相关 BIM 标准，从而达到提升项目精细化管理水平的目的。

4.2.2　BIM 应用方案

1. 应用内容

本工程确定的 BIM 技术主要应用有：BIM 场布布置优化设计，合理利用有限空间；复杂施工工艺模拟及三维技术交底；钢结构预制加工采用二维码技术，使得搬运、吊装准确到位；碰撞检测，避免返工；管线综合，确保天花高度；BIM 质量、安全、进度管理。

2.应用方案的确定

充分了解项目工程定位，了解项目的主要施工工期节点。调研项目在施工管理中的重点、难点。调研项目部 BIM 技术需求后，制定项目实施计划和方案，并在施工中予以贯彻执行。

项目技术团队与新疆新建联 BIM 中心建立以项目经理为 BIM 应用第一责任人的管理机制，各参与方在项目开展前，明确职责和相关工作内容。结合整体项目进度计划，对各阶段的 BIM 工作内容提前进行计划安排和流程梳理。各履约系统管理人员使用 BIM 管理工具深入项目日常管理，提高精细化管理水平。

（1）明确参与各方责任：本工程 BIM 应用是以施工单位为主导的模式。工程建设之初，建设单位提出了在本工程应用 BIM 的指示，在协调会议上确定了各方责任。

（2）BIM 团队组织：项目部作为 BIM 数据源头，对应三级管理模式，采用"直线制"的 BIM 团队集中管理模式，便于统一共识，快速协同。项目部配备专业的土建、钢筋、机电、钢结构 BIM 建模工程师及相关职能部门建造师、造价师、监理师组成管理应用人员，发挥 BIM 技术优势，辅助、指导施工，提高工作效率。

（3）BIM 软硬件环境：项目部配置了移动工作站、台式电脑和平板电脑等办公硬件。软件配置包括：

① 广联达系列：BIM5D 软件（PC 端、Web 端、移动端、"协筑"）、土建建模软件（GCL）、钢筋建模软件（GGJ）、钢筋翻样软件（GFY）机电建模软件（Magi-CAD）、三维场地布置软件（GCB）。

② Autodesk 系列：AutodeskRevit2016、Autodesk、Navisworks、Autodesk、RevitMEP。

③ 其他辅助软件：Lumion6.0、Fuzor、Sketchup、品著、橄榄山等。

4.2.3 BIM 实施过程

1.实施准备

（1）制定 BIM 建模标准与实施制度：制定了多项实施管理制度，推进项目 BIM 应用管理规范化。明确工作流程、责任人、职责分工等。明确 BIM 应用点完成标准及成果形式。建立奖励与惩罚机制集合，保证 BIM 技术正常实施。

① 统一建模规则、模型坐标原点标高与计算口径。

② 确定成果交付文件及格式，制定成果提交流程制度。

③ 建立各专业图纸、模型管理制度。

④ 建立项目周例会协调制度，要求相关单位和部门全部参加。

⑤ 制定项目部相关资料提交计划，其进度要求必须与施工同步，并要求在每一工序开展前提交。

（2）BIM 培训与考核：本项目建立 BIM 培训与考核制度，立足于从项目实际需求出发，通过以下途径实施。

① 鼓励项目技术人员以进修方式，通过市场上的短期课程，提升 BIM 应用的职能

需求。

② 通过购买软件，由软件商或搭配的专业顾问进行 BIM 专业知识与软件使用技巧的传授。本工程购买了广联达 BIM5D、品茗、橄榄山等软件，结合软件商的培训，为在现场的实际应用打下基础。

③ 与新疆新建联 BIM 中心合作训练，针对项目特定的议题、知识、技术或问题，以分次讲座搭配讨论的方式进行，以提升技术人员的 BIM 专业知识和应用能力。

（3）企业族库建立：在工程开始前期，依据新疆城建长远发展计划，逐步开展企业级 BIM 应用，做到资源的共享，避免重复建模，提高建模效率，BIM 团队建立企业族库，并制定统一的建模标准，为企业可持续建模奠定基础。

（4）项目人员配置：本项目 BIM 应用采用后台建模、前端应用的 BIM 支持模式。由新疆城建项目经理总负责 BIM 技术在本工程中的实施，全程跟踪监督 BIM 技术应用。建模阶段配有土建建模 2 人，其中 1 人驻场；机电建模 4 人，其中 2 人驻场。施工阶段配有土建 BIM 人员 2～3 人；商务 BIM 人员 2 人；机电 BIM 人员 4 人。

2. 实施过程

（1）精准定位异型结构空间位置：本项目结构为椭圆形发射造型，型钢混凝土结构，结构柱、梁等空间定位难度大。为减少放样误差、减少钢构件二次搬运保证施工进度，项目采用 BIM 技术结合放样机器人，将 BIM 模型中的数据直接转化二维码，为现场的精准定位结构空间关系以及精准吊装提供了很大帮助，从而实现工期的节省。

名称：S-圆柱-D1200-KZ3-C50
单体：音乐厅
楼层：一层
构件位置：

柱：S-圆柱-D1200-KZ3-C50；土建：音乐厅一层

图 4-6 精准定位异型结构空间位置

（2）可视化交底指导钢筋施工：通过 BIM 钢筋模型生成钢筋骨架图，对于钢筋穿过型钢柱、钢筋与型钢柱采用直螺纹机械连接等复杂节点，采用三维模型可视化交底，实现施工方案技术交底无损传递，指导现场精准施工，提高施工效率。管理人员在施工现场直接利用移动终端查看模型中的钢筋排布，对现场钢筋绑扎施工进行检查。

（3）管线综合优化：针对各专业间的碰撞问题及时组织召开管线协调会议，确定基本的排布原则，采用综合支架的最佳方案，从而实现管道布局合理并增大净高，天花板在原始设计标高要求上整体提高了 20cm，很好地满足了业主的要求。通过 BIM 技术分析查找在实际施工时可能出现的碰撞点，进行管综优化，避免影响工程进度，减少关键部位返工造成的材料损耗。碰撞检查发现通风管、强电桥架、消防管等专业存在碰撞问

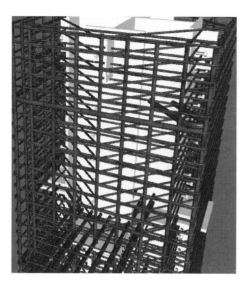

图 4-7　可视化交底指导钢筋施工

题，并采用预留洞口的方式解决管线与结构的碰撞。利用 BIM 技术输出深化设计管道剖面图，交予施工班组指导施工。深度模拟大型设备吊装运输进场，提前预警，优化施工方案。

（4）精准算量、材料采购：利用 BIM 模型提取实物量，进行限量运输，避免二次搬运和降低材料损耗，减少建筑垃圾。同时可对经营采购相关数据进行快速查询，制定精确的物资计划，精准采购，降低库存，减少资金占用量。利用 BIM5D 软件挂接价格后，进行施工图预算、目标成本、实际成本多算对比，在项目进行的过程中分析偏差原因，进行动态纠偏。通过模型与现场实际情况对比动态控制成本，并通过 BIM 技术进行物资提量。可以按多个维度设置查询范围，并且以构件工程量和清单工程量两种方式输出报表。

图 4-8　精准算量、材料采购

（5）基于 BIM5D 的进度管理：利用 Project 生成进度计划，将 BIM 模型与进度计划相关联，将构件赋予时间属性，通过模拟对比实际进度与计划进度的偏差，及时调整人员、材料、机械的使用计划，进行动态纠偏，结合人、材、机等资源供应计划，根据现场实际情况，随时调整，使进度管理精细到每一个构件。

（6）基于 BIM5D 的技术管理：通过 BIM 模型对设计图纸进行审核，及时发现设计图纸问题，反馈给业主方、设计方，提高多方沟通效率，协同工作保证施工质量和进度要求。

（7）基于 BIM5D 的质量、安全管理：现场工程管理人员发现问题直接用移动端 APP 记录和拍照上传问题并指定责任人，质量安全部门通过 BIM5D 平台生成整改通知单，形成管理闭环。项目管理人员通过授权账号登录移动端（手机、IPAD）APP，在施工现场发现任何质量、安全等管理问题第一时间利用移动端发送至相关管理人员及责任方，并对整改情况进行查看，使项目质量、安全管理更加透明。对现场安全预控进行策划，建立安全体验馆，不再把安全教育停留在口头或纸面上，在施工前就对现场重大危险源进行公示，模拟各种紧急情况，设置各种体验装置等措施，为建设高品质的工程提供安全保障。同时在施工过程中，安全员可将检查出的安全隐患及时拍照上传至 BIM5D 平台，对现场人员做出警示，做好安全防护措施，确保安全生产。

4.2.4　BIM 应用效果总结

1.效果总结

本项目采用 BIM 技术应用效果显著，提升了项目精细化管理水平，有效缩短了工期、降低了成本、提升了工程质量。BIM5D 平台实现了全方位集成控制，达到建筑工程信息化管理，精确及时的调整项目有序进行。工程质量、安全、绿色施工等全方面策划，将 BIM5D 平台的应用融入项目管理，努力实现现代化、信息化、高质量的绿色建筑。

2.方法总结

（1）应用标准的建立：本工程建立了《文化中心音乐厅 BIM 建模标准》《文化中心音乐厅 BIM 模型交付标准》《文化中心音乐厅 BIM 应用标准》等项目文件，在项目中实施。"标准"充分考虑本工程项目情况及现阶段 BIM 应用特点，建立统一、开放、可操作的全生命期各阶段 BIM 技术应用标准。从模型的分类和编码、模型的创建、应用及管理等方面，指导设计、施工、监理、咨询和建设单位遵循统一标准体系进行 BIM 协同工作。同时，应用标准为新疆城建 BIM 技术的进一步推广和企业 BIM 技术应用能力提升奠定基础，有助于企业转型升级和长远发展。根据新疆城建总体发展现状，以试点示范为先导，分阶段有序推进 BIM 技术应用，逐步培育建立完善应用机制，提高 BIM 技术应用水平，形成可推广的经验和作法，提升企业在工程中应用 BIM 技术的内在动力与需求。

（2）BIM 人才的培养：项目组成 BIM 应用团队，搭建相应组织架构，形成 BIM 项目经理、专业负责人、BIM 工程师、项目部管理人员 4 个项目 BIM 实施层级。项目部根据项目现状及各岗位 BIM 应用工作需要进行培训，基本实现项目部管理人员全员参与，已培养项目管理人员 89 人。专业负责人、BIM 工程师驻场保证项目顺利实施，培养项目土建、机电、钢结构（兼幕墙）专业负责人 3 人，BIM 工程师 10 人（土建 2 人，机电 3 人，钢结构 2 人，幕墙 3 人），经过项目实施能够更加熟练各自岗位技能。其中，经过考核 6 人获得工信部职业鉴定中心 BIM 建模证书，2 人获得工信部职业鉴定中心 BIM 策划师证书，3 人获得图形协会 BIM 建模证书，2 人获得全国专业人才 BIM 应用培训师技能证书。

（3）经济效益：经估算对比，本项目运用 BIM5D 排砖节约二次搬运及砌块损耗费用约 18 万元。采用限额领料，砌筑工程产生经济效益 31 万元。利用 BIM 创建钢筋模型进行深化设计优化，指导钢筋下料和加工，比传统生产下料工艺节省材料费用 23 万元。基于 BIM 技术预留洞口，减少了土建结构的开洞和返工，节省了工期，节省经济费用 48 万元。借助 BIM 技术进行模拟预拼装与传统加工车间预拼装可节约费用（人工、吊装机械、辅助拼装材料等），缩短工期，减少人工，降低浪费，产生经济效益 25 万元。机电所有专业利用 BIM 技术进行碰撞检查、提前预警，预留孔洞缺漏检测，极大地减少返工，比传统施工方式大大节省了材料和工期，节省直接经济费用 96 万元。据不完全统计（未竣工），本工程采用 BIM 技术获得的直接经济效益累计 241 万元。

（4）社会效益：通过 BIM 技术在乌鲁木齐文化中心音乐厅项目中的综合应用，为工程提供了高效、精细、准确的管理，并在第三届中国建设工程 BIM 大赛中获得单项二等奖。同时，对工程质量、安全、绿色施工等全方面管控，打造现代化、高质量的绿色建筑，为新疆城建今后同类项目实施提供了经验，为公司转型、科学发展提供技术支撑，提高了企业的核心竞争力。

4.3 国家游泳中心南广场地下冰场建设项目 BIM 应用案例

4.3.1 项目概况

1. 项目基本信息

本项目又称"冰立方"，位于北京市朝阳区国家游泳中心南侧，为 2022 年冬奥配套服务基地，且赛后作为冬奥会重要遗产，用于群众冰上运动培训和体验。项目总建筑面积为 8221.3m²，地上面积 128.3m²，地下面积 8093m²。

2. 项目难点

（1）工期保障：项目工期共 427 个日历天，期间面临北京市各种盛大活动及天气原因需要停工，以及需要接待各级领导观摩检查，实际施工日期只有 335 天左右，这就要求项目在有效的时间内通过高质量的管理以保障工期目标的实现。

（2）多专业协调沟通管理：冰立方建筑面积只有 8221.3m²，但在建造过程中涉及结构、建筑、机电、幕墙、钢结构、市政、专业制冰、智慧场馆等 14 个专业，可谓"麻雀虽小，五脏俱全"，这给总承包的协调管理提出了巨大的挑战，如何在最短时间做最有效的管理是本项目面对的挑战。

（3）异型钢结构深化设计：水滴造型采用 8mm 厚的不锈钢进行制作，建筑表面的

图 4-9　国家游泳中心南广场地下冰场建设项目效果图

镜面效果要求极高，并且建筑表面要求无缝拼接，同时水滴造型的顶部设有排水沟，此项不锈钢镜面建筑工艺在国内是第一次尝试。

（4）机电管线：项目机电管线要与国家游泳中心已有管线相接驳，在项目施工期间，国家游泳中心为不停业状态。同时，项目需要在同一时间内满足冰球场与冰壶场不同的国际赛事标准。

（5）制冰系统：本工程包含一个标准多功能冰场和一个标准冰壶赛道。其制冰系统管道设备复杂，冰面制作工艺复杂且精度要求极高。

（6）复杂节点深化：本工程包含超高大跨度劲性钢结构以及多标高管沟等，施工难度大且复杂。

3.应用目标

（1）项目需满足业主的 BIM 应用要求，包括及时更新和整合 BIM 模型；BIM 模型应能用于定义各方工作界面；BIM 模型需要确保能被各方不断深化和应用；总包方在项目结束时，向业主提交真实准确的竣工模型，确保运维阶段具备充足的信息。

（2）本项目 BIM 应用应达到集团 BIM 应用等级 A 级目标，采用 Ⅰ 级应用点 21 个，Ⅱ 级应用点 13 个，Ⅲ 级应用点 4 个。

（3）项目要求争创中建一局集团级、北京市 BIM 应用示范工程。

4.3.2　BIM 应用方案

1.应用内容

（1）工期保障：应用 BIM 技术对施工总控计划进行合理最优排布。

（2）多专业协调沟通：应用 BIM 技术与智慧建造提高项目多专业之间协调沟通效率，保证多专业沟通质量。

（3）安全管理：运用 BIM、VR 等技术对现场施工进行统一的安全管理，确保安全施工、绿色施工。

（4）异型钢结构深化设计：运用 BIM 技术对异型钢结构（水滴造型雕塑）进行预拼装模拟及施工方案比选，选择出最优方案指导施工。

（5）机电管线：运用 3D 激光扫描技术，建立二者接驳处与新建场馆的三维模型，基于 BIM 技术与 MR、AR 技术结合，模拟机电管线排布走向，得出最佳管线安装方案并依此实施。

（6）制冰系统：运用 BIM 技术与 AR、MR 技术结合，对冰面制作工序进行预深化设计，得出最佳冰面制作方案并依此执行。

（7）复杂节点深化设计：运用 BIM 技术与 AR 技术结合对复杂节点进行三维模型建立，并对施工人员进行交底。

2.应用方案的确定

针对应用需要，项目对相关软件进行了选型，建筑专业三维设计软件选用 Autodesk Revit 2016；钢结构专业三维设计、构件分割调整优化软件选用 TeklaStructures（X-steel）；三维设计数据集成、软硬空间碰撞检测、项目施工进度模拟展示选用专业设计应用软件 Autodesk Navisworks，场景布置、增加模型的可视化效果选用 Lumion，协同管理平台选用广联达 BIM5D 平台，多专业与现场设备集成平台选用广联达智慧工地管理平台，VR 制作、施工模拟制作选用 UNE4。

4.3.3 BIM 实施过程

1.实施准备

制定项目 BIM 应用培训计划并依据计划实施，其内容见表 4-1。

项目 BIM 应用培训计划 表 4-1

类别	培训类别	主要内容	开展阶段（时间计划）	参加人员
建模培训	Revit 建筑、结构建模基础培训	建筑、结构专业建模软件操作基础培训	2019 年 3 月～10 月	主持人：赵志宇参培人员：项目全员
	Revit 机电专业建模基础培训	机电专业建模软件操作基础培训	2019 年 7 月～10 月	主持人：张明哲参培人员：项目全员
	建模大师系列	快速建模，可建立平面布置模型、二次结构优化、模板脚手架模型	2019 年 6 月～9 月	主持人：赵志宇参培人员：赵志宇
模型整合	Navisworks 软件操作培训	模型整合与碰撞检查、进度模拟动画	2019 年 4 月～7 月	主持人：赵志宇参培人员：张明哲、赵志宇

类别	培训类别	主要内容	开展阶段(时间计划)	参加人员
进度计划	斑马梦龙网络计划软件操作培训	进度计划编制及调整	2019 年 3 月～6 月	主持人:谷云宽 参培人员:各部门派一名人员
平台应用	BIM 5D 平台应用培训	BIM 5D 平台应用	2019 年 3 月～10 月	主持人:广联达技术员 参培人员:项目全员
	智慧工地系统	智慧工地系统组成及应用	2019 年 5 月～10 月	主持人:广联达技术员 参培人员:项目全员

2.实施过程

(1) 场地布置:对临建设施建立 BIM 构件库,通过对场地临建设施的工前 BIM 技术模拟,根据场地实际情况对场地布置、物料堆放及现场环保措施的布置等进行合理优化,指导场地临建设施规划及施工。

(2) CI 标准化:根据标准化 CI 要求,建立匹配的族构件,将现场临建所有元素建模形成统一现场虚拟临建,满足对临建的统一标准要求,体现高标准的企业形象。同时根据临建设计 BIM 模型,提取相关临建工程量,辅助材料预定和统计。

(3) 方案可视化交底:BIM 技术具备信息完备性、信息关联性、信息一致性、可视化、协调性、模拟性、优化性以及可出图性。利用 BIM 技术特性,进行可视化交底,提高施工效率,保证建筑品质。

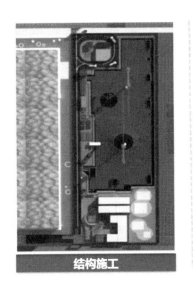
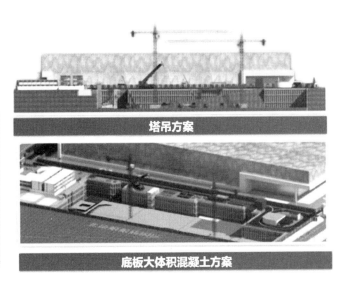

结构施工　　塔吊方案　　底板大体积混凝土方案

图 4-10　方案可视化交底

(4) 基于 BIM5D 的进度管理:利用 Project 生成进度计划,将 BIM 模型与进度计划相关联,对构件赋予时间属性。通过模拟对比实际进度与计划进度的偏差,及时调整人员、材料、机械的使用计划,进行动态纠偏,结合人、材、机等资源供应计划,根据现场实际情况,随时调整,使进度管理精细到每一个构件。

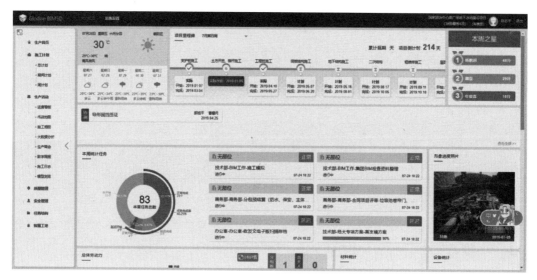

图 4-11　基于 BIM5D 的进度管理

（5）基于 BIM5D 的技术管理：通过 BIM 模型对设计图纸进行审核，及时发现设计图纸问题，反馈给业主方、设计方，提高多方沟通效率，协同工作，保证施工质量和进度要求。

（6）基于 BIM5D 的质量、安全管理：现场工程管理人员发现问题直接用移动端APP 记录和拍照上传问题并指定责任人，质量安全部门通过 BIM5D 平台生成整改通知单，形成管理闭环。项目管理人员通过授权账号登录移动端（手机、IPAD）APP，在施工现场发现任何质量、安全等管理问题第一时间利用移动端发送至相关管理人员及责任方，并对整改情况进行查看，使项目质量、安全管理更加透明。对现场安全预控进行策划，建立安全体验馆，不再把安全教育停留在口头或纸面上，在施工前就对现场重大

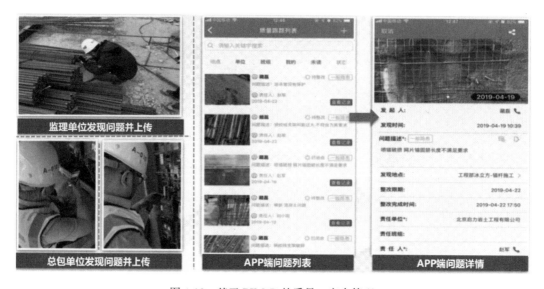

图 4-12　基于 BIM5D 的质量、安全管理

危险源进行公示，模拟各种紧急情况，设置各种体验装置等措施，为建设高品质的工程提供了安全保障。同时在施工过程中，安全员可将检查出的安全隐患及时拍照上传BIM5D 平台，对现场人员做出警示，做好安全防护措施，确保安全生产。

4.3.4　BIM 应用效果总结

（1）本项目通过 BIM 技术对机电管线、结构主体、建筑主体、基坑土方开挖、技术方案交底等进行三维施工模拟，实现了机电与结构及建筑的合理排布，深化了项目基坑标高排布，增强了对施工人员的方案交底。经统计已有 300 余处有效碰撞并与设计进行沟通改善，与传统方式比较，实现了项目管理预判断，提高了工作效率，节约了项目成本。

（2）本项目应用智慧工地，对项目的塔吊吊装数据、现场实时监控数据、现场人员实名制数据、现场安全管理数据、现场质量管理数据、现场人员分布数据等进行自动获取，省去项目人员检索、收集、整理数据的时间，与传统方式比较，做到了项目各专业实时沟通，提高了信息传递速率与管理人员办公效率。

（3）本项目应用数字一体化生产管理平台，将建设单位、监理单位以及施工单位列入同一平台，实现了项目信息共享及项目管理实时互动，提高了三方的沟通效率，保证了沟通质量。将项目总计划、月计划、周计划进行实时更新，做到任务责任制，并通过平台派发任务至项目全部管理人员，与传统方式比较，提高了项目人员之间的沟通效率，并做到了项目管理有迹可循，提高了管理质量。

4.4　冬季运动管理中心综合训练馆项目 BIM 应用案例

4.4.1　项目概况

1.项目基本信息

本工程位于北京市海淀区中关村南大街 54 号首体大院北院内，项目规划总用地 15439m²，规划总建筑面积 33220m²，其中地上 24057m²，地下 9163m²。项目包含 1 幢冰上运动综合训练馆及地下车库，训练馆地上 6 层，地下 1 层（局部 2 层），建筑高度 32.55m。训练馆基础采用梁板式筏板基础，主楼结构形式为框架剪力墙结构，局部冰场采用型钢混凝土柱加钢梁混合结构。

2.项目难点

（1）社会因素：冬奥项目的社会影响较大，各方领导对安全文明施工的要求较高，项目管理及组织安排难度相对较大。

（2）管理因素：工程质量精细化程度要求高，项目还有获得长城杯、北京市安装工程优质奖、鲁班奖等奖项的质量目标。

（3）现场因素：施工场地极为狭小，仅北侧及西侧可以行车，无堆料场地，施工组织困难，降效严重。

（4）施工因素：奥运场馆对场所空调效能、设备参数偏差、施工质量要求高，系统

图 4-13　冬季运动管理中心综合训练馆项目效果图

采用"全空气＋除湿系统"形式，导致空调效果的实现难度大，尤其冰面风速和温度值的控制非常困难。

3.应用目标

（1）项目需采用智慧工地平台，将现场施工监控、劳务管理等纳入平台管理。

（2）项目需采用 BIM5D 平台管理，应用可视化技术、无纸化交底、网络化实时管理，达到提高现场管理、节约项目成本的目的。

（3）项目需应用 BIM 技术优化场布，通过对工序的把控实现材料有序进场，避免返工。

（4）项目需采用 BIM 技术进行管线深化设计、复核计算、模拟调试等应用，以满足现场使用功能及设计要求。

4.4.2　BIM 应用方案

1.应用内容

本工程的 BIM 技术应用主要有：三维场地布置优化、合理安排施工空间、图纸审查和识图、BIM 管线综合碰撞检测；机电复杂施工工艺模拟及三维技术交底；工序推演、有序组织各专业施工进行模拟；BIM 模型出图指导施工和商务结算；BIM 样板引路、可视化交底；BIM 辅助现场施工进度管理；管道、水力负荷、支吊架受力计算。

2. 应用方案的确定

本项目是由项目经理负责的全员 BIM 项目，由公司设计研究院 BIM 中心、项目部以及广联达三方共同组建项目应用团队。前期应用方案的确定，依据项目的实际情况以及重难点，结合 BIM 技术进行相应应用目标确定、分解目标，对应相关应用点出应用方案及业务解决方案。同时为了保证项目顺利进行，前期对项目整体应用做好各种标准制定。

（1）BIM 团队组织：项目经理负责制，主抓 BIM 应用工作。同时技术支持由 BIM 中心和广联达方进行培训、指导。项目部全员进行应用以及需求反馈。通过三方协调，实现 BIM 技术在项目部的深度落地应用。

（2）BIM 软硬件环境：项目部配置了移动工作站、台式电脑和平板电脑等办公硬件，软件配置如表 4-2 所示。

BIM 软硬件环境

表 4-2

序号	软件名称、版本	单机/协同	功能
1	Autodesk Revit 2016	单机	全专业 BIM 模型的构建，对模型细部的修改与优化
2	Autodesk Navisworks 2016	单机	三维设计数据集成，软硬空间碰撞检测
3	Autodesk 3DS Max 2018	单机	对施工工序进行推演，制作三维动画对施工方案流程进行演示
4	Lumion 8.0	单机	对模型进行三维浏览，制作全景照片导入至 720 云平台
5	Fuzor 2018	单机	三维漫游，VR 沉浸式漫游
6	Sketch Up 2017	单机	简单三维模型制作
7	Adobe Photoshop CC	单机	对效果图的后期处理优化
8	蜘蛛侠-鸿业机电安装	单机	机电深化设计软件
9	MagiCAD QS	单机	机电深化模型算量软件
10	广联达 BIM 5D 3.5	协同	全项目参与的 BIM 集成协同工作平台
11	智慧工地	协同	全项目参与的 BIM 集成协同工作平台

4.4.3　BIM 实施过程

1. 实施准备

为保证本项目 BIM 落地实施，项目经理制定契合本项目的 BIM 实施标准制度，制定项目样板文件、着色标准、标注样式、线型、深化排布原则等，建立协同工作方式。同时进行 BIM 实施培训，使各专业人员掌握必备技能。

（1）BIM 深化研讨制度：BIM 工程师采用局域网协同平台，统一标识内容和形式、排布原则、深化深度。

（2）BIM 深化确认及互审制度：进行碰撞检测后，召集甲方、监理、设计方进行研讨，确定排布总体思路，设计方按要求完成深化设计，标注等细节问题交由其他 BIM 工程师互审，报设计确认。

（3）BIM 深化变更签认制度：对功能、系统、空间等影响工作进度的变更要办理设计变更单。

（4）BIM 深化交底制度：深化设计经设计方确认，结合三维模型给作业队伍进行交底，实现 BIM 可视化交底。

（5）BIM5D 平台应用汇报例会制度：要求全体项目人员应用 BIM5D 平台管理，做到项目管理的及时性、可视性、控制性。制定每周五下午 3 点召开 BIM5D 平台应用汇报会，由各专管部门负责人以 PPT 的形式汇报应用成果。

（6）BIM5D 应用监督及奖惩制度：项目设专人监督 BIM5D 应用，由专人对模型进行维护，对应用认真、有价值体现的员工进行奖励，对不服从项目管理应用 BIM 的人进行处罚，每周例会奖励 2 名优秀员工，惩罚 2 名应用怠慢的员工，优秀者奖 200 元/周，怠慢者罚 100 元/周。

2.实施过程

（1）管综深化与三维交底：本项目机电工程通过工序推演、有序组织、各专业施工模拟等 BIM 技术应用，已开展 21 次针对分项工程三维可视化交底，已完成 117 个分项工程的三维交底策划。利用软件对各楼层区域生成平面净空标高展示，并生成相应区域的走廊剖面，可清晰直观地了解项目各区域净空情况，为后续精装提供便利条件。

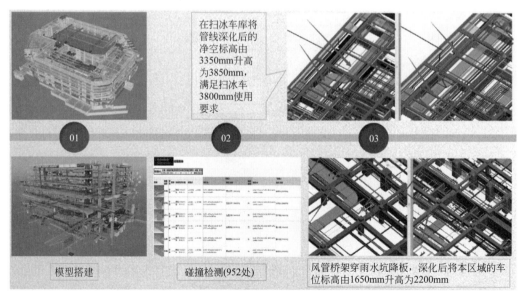

图 4-14　管综深化与三维交底

（2）进度模拟：通过进度计划与 BIM 模型的关联，进行机电安装进度模拟，并通过实际工期与计划工期的对比，以不同颜色对各项施工任务工期是否提前或延误进行表示。在 B1 层施工中出现风管管道安装进度比预期提前 11 天，风阀安装因材料未到场滞后 5 天。

（3）样板预制：本工程管线复杂、专业分包多，基于此，采用 BIM 技术对全楼各层、机房、管井、电井等进行样板引路、可视化交底。

（4）精细化管理：BIM 新生产辅助生产质量、安全信息化管理，与传统的检查、开会、整改、验收线下流程相比，质检人员对现场检查问题照片通过手机上传到平台相关责任人，实现问题实时跟踪整改，即时反馈。现场管理人员在网页端、客户端实时监控，有效避免管理脱节与盲区、现场问题扯皮、整改慢等问题的发生。现场施工的生产资料可直接导出生成数字周报、生产周报、施工日志，节约了传统方式工长做资料、写日志的时间，提高了工作效率。项目资料上传至云端共享，随时随地在手机端、网页端、PC 端进行资料查询，方便快捷，节省了翻阅资料图纸的繁琐过程，提高各部门协作效率。

（5）施工过程构件跟踪：运用构件跟踪，现场工长通过手机端记录设备构件的进场情况、安装进度、质量情况等信息，管理层也可以通过 WEB 端、PC 端的构件跟踪看板查看进场构件批次、设备成本花费、安装情况，掌握进度偏差。

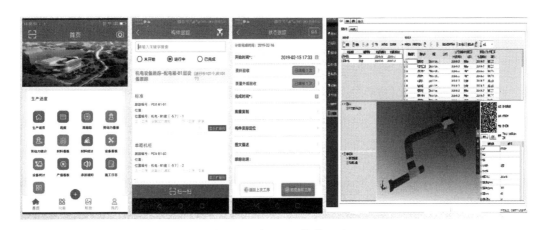

图 4-15　施工过程构件跟踪

（6）BIM 平台对劳动力的全面管理：与传统统计方式相比，可运用手机端对现场劳动力的工种、用工时间、数量进行实时统计，计算出各班组的实际工效，辅助生产决策，同时建立网络用工黑名单，提高管理效率。

（7）BIM＋智慧工地：通过安全帽内镶入智能芯片以及工地宝进行定位，可将不同工种一天的行进路线、施工区域、作业时间直观反映在现场平面图上，同时进行分区域设置，警示重难点施工内容、危险施工区域等，实现对现场全面细致化的管理。同时可对人员考勤、劳务花名册，劳务实名制进行管理，及时掌握工人进出场情况。平台连接了烟感、喷淋、视频监控、有毒有害气体、塔吊、升降机监测系统以及卸料平台监控系

图 4-16　BIM 平台对劳动力的全面管理

统、架体防倾斜红外对射等，可将这些数据信息直接在智慧工地平台上呈现，实现了集中对各个角落安全、质量、进度的实时检测与控制。

（8）BIM＋VR：将 Revit 模型导入到 VR 设备中，可根据模型情况进行实景漫游体验设计效果，理解设计意图，辅助后期装修决策。同时模拟现场可能会产生的安全事故，有针对性地亲临体验，提前预防。

（9）管道、水力负荷计算：将模型机电管线设备赋予从设计方得到的参数特性，经过模型深化后，复核和计算深化后的管线模型，以检查深化模型从而满足设计参数要求。在软件计算后输出校核计算书，将系统局部阻力管件明细表与原设计参数进行对比，根据计算结果对模型进行二次深化。

（10）冰场区域温度场、速度场计算：在 BIM 模型中分别对每个风口输入最大出风口速度和出口平均风速最小值，模拟冰面风速，对比设计对冰壶场地要求的参数值，如果模拟数值均在 1.0 以内，则设计参数取值合格，否则提示设计复核，避免了返工造成的经济损失。

（11）支吊架计算：对深化后的模型进行各专业管道的重量计算，设置附加系数得到总荷重，根据规范图集设计选取支吊架，对支吊架进行统计，得出不同型材工程量。同时，对支吊架进行编号，加工预制，最后实现现场快速安装。

4.4.4　BIM 应用效果总结

（1）综合管线优化主要解决：

① 地下二层东北侧制冷机房入管井主管调整，北侧长管路改为北侧入井，节省 $DN600$ 无缝钢管 24m。

② 地下一层排烟排布，减少排风支管共 150m²，排烟口与排风口转换应用，节约 18 个 1200×500 电动防火风口。

③ 地下一层西侧桥架移入管理用房敷设，节省消防喷淋支管约 320m。

④ 观众席空调风管由 4 行改为 2 行，到风口部位接支管，节约镀锌风管 400m。

⑤ 观众席侧回风口改为顶回，节省镀锌风管 240m。

（2）工程量清单提取主要解决：总控用料，减少材料的周转、看护及损坏，避免了因人工算量不准确导致浪费现象的发生，与以往经验估算相比，节约工程造价 40 万元。

（3）可视化交底主要解决：通过可视化交底的方式统一了施工标准，减少了施工过程中的返工情况，节约造价约 18 万元。节约工期约 30 天，按施工合同提前工期 5000元/日计算，价值 15 万元。总经济效益约 33 万元。

（4）BIM5D 平台应用主要解决：项目的交叉作业多、专业分包多，进度模拟能够调整评判不同工序的合理性，快速进行识别调整评判，质量和安全的及时管理避免造成返工和浪费，避免事故的发生，生产会议平台能够将问题用可视化手段呈现并快速解决。总体而言，应用了 BIM5D 平台后与以往工程经验估算节约工期约 60 天。

（5）智慧工地平台应用主要解决：利用身份识别优化劳务分包成分，用工一目了然，避免经济纠纷，保证安全文明施工，带来的成本方面的节约达到约 50 万元。

4.5　新乡守拙园项目 BIM 应用案例

4.5.1　项目概况

1. 项目基本信息

新乡守拙园项目是 EPC 总包模式下的装配式建筑项目，由河南省第二建设集团有限公司设计并承建。项目总建筑面积 76524.91m²，其中 1 号和 2 号楼为高层住宅，建筑高度 96m，框剪结构，整体现浇，局部装配；3 号楼为公寓，建筑高度 92.97m，整体装配式钢结构。

2. 项目难点

（1）工程目标高、项目定位高，各项管理要做到河南乃至全国示范和引领作用。

（2）项目中采用多种新技术，清水混凝土、铝模板、混凝土装配、钢结构装配。

（3）地下车库采用无梁楼盖，标高多，机电管线复杂。

（4）工程工期紧、参与方多、各专业之间信息交叉多、协调难度大。

（5）项目采用清水混凝土，模板排布复杂，需要提前策划，做到过程一次成优。

（6）92.97m 高纯钢结构公寓，施工难度大。

3. 应用目标

（1）推广集团公司 BIM 技术落地应用，创建公司 BIM 管理实施体系。

（2）BIM 技术与现场结合，实现精细化管理。

（3）减少施工现场错误，提高施工质量。

（4）收集整理建造过程数据，为后期运维做准备。

图 4-17　新乡守拙园项目效果图

4.5.2　BIM 应用方案

1. 应用内容

依据本项目的现状，结合集团公司对项目 BIM 应用的期望，本项目 BIM 技术应用内容围绕着全面深度应用设定，具体如下：

（1）设计阶段 BIM 模型应用

① 依据工作制度、建模标准规范和施工图纸建立 BIM 模型，通过模型对图纸进行优化，提前解决图纸中的问题。

② 对建立的设备管线模型进行初步深化，对设备管线复杂部位及管线标高进行优化，并结合模型对设备管线图纸进行优化，提前处理管线错漏碰撞问题。

③ 结合初步深化后的设备模型进行结构孔洞精确预留，提高图纸的质量。将设计模型交付施工单位，便于施工单位使用，避免二次建模。

（2）施工阶段 BIM 技术应用

① 利用 BIM 技术进行三维场地策划，对施工现场进行科学合理的布置。

② 对设备管线模型进一步深化，解决设备管线之间的碰撞问题。对局部复杂的设备管线进行多方案综合优化，并通过模型进行方案比选。

③ 对深化后的设备模型进行深度应用，根据设备模型进行预留洞口精确定位、支吊架综合布置，对设备安装提前策划，提高施工效率。

④ 施工中重难点方案策划及模拟，通过 BIM 技术解决项目技术重难点问题，并利用 BIM 技术可视化优势实现三维交底。

（3）施工阶段 BIM 管理平台应用

结合 BIM 平台对施工过程管控，收集整理过程文件、协调各参与方处理施工过程问题，合理有效地对工程进度、资源、质量、安全进行管理。通过平台将模型数据集成在云平台之上，项目全体参与人员查看项目相关资料，基于资料生成二维码实现资料共享，以实现现场无纸化办公，指导施工。

2.应用方案的确定

（1）软硬件配置

① 软件选型（表 4-3）。

软件选型　　　　　　　　　　　　　　　表 4-3

序号	软件	应用内容
1	Revit2016	模型创建软件,主要用于在建筑、结构、机电、场布
2	AutoCAD2014	图纸处理、查看、出施工图等
3	Navisworks 2016	主要应用在净高分析、碰撞检测、施工模拟、漫游等
4	Fuzor 2017	主要应用在漫游、净高分析、动画制作、模型查看等
5	广联达 GCL、GGJ	主要进行土建、钢筋等算量
6	Tekla 18.1	主要钢结构模型创建、深化等
7	lumion 8.0	主要应用在效果图、室外场景、动画视频等
8	Office 2013	辅助现场办公

② 硬件配置（表 4-4）。

硬件配置　　　　　　　　　　　　　　　表 4-4

类型	品牌	CPU	内存	数量	用途
台式机	Dell	i7-6700	32G	5	模型创建
笔记本	Alienware	i7-4700MQ	16G	2	工作汇报
移动设备	不限	尽量高	不低于 64G	根据项目人员而定	结合 BIM 平台使用

（2）组织架构

河南守拙园项目作为公司首个应用 BIM 技术的 EPC 总包项目，公司领导对此高度重视。BIM 团队由集团公司高管层、总工办、BIM 中心、项目部 BIM 应用小组组成，其中集团公司高管层负责公司资源的协调，总工办负责技术上的把控，BIM 中心负责 BIM 技术的推广实施，项目部 BIM 应用小组负责 BIM 成果的落地应用。

（3）实施顺序

① 对甲方提供的资料和设计院提供的项目图纸进行收集，对收集到的图纸资料进行查验，将问题意见及时反馈给甲方，确保图纸资料完整无误。

② 依据设计图纸进行任务的分工，构建 BIM 土建、结构、机电、场地模型，将各专业模型进行汇总整合。

③ 根据 BIM 模型完成图纸问题校核报告、钢结构或型钢混凝土节点碰撞报告及管线碰撞报告，并根据碰撞报告及施工工艺规范优化模型。

④ 依据 BIM 模型进行可视化展示、综合管线优化、现场管理平台等应用。根据施工现场的进度，将变更、签证等文件及时添加至 BIM 模型，确保模型与现场施工保持

一致。工程结束后，汇总过程资料及竣工模型，将所有成果提交。

4.5.3 BIM 实施过程

1. 实施准备

（1）制定项目级 BIM 应用方案：结合本项目的质量、安全文明、绿色施工、节能、设计、科技创新等目标，编写项目级 BIM 应用实施方案，将项目应用目标进行细化。

（2）模型标准建立：建立适合本项目的 BIM 标准，包括：《项目精细模型命名规则（与概预算分部分项项目编码对应统一）》《项目 BIM 构件信息添加标准》《项目 BIM 设备模型颜色标准》等。

（3）人员培训：组织实施团队成员，对 BIM 应用实施方案中的实施要求、建模标准、建模原则等进行统一培训。

（4）项目文件夹及样板创建：按照专业、楼层、应用点等进行项目文件夹的创建，以便于后期的成果整理和汇总；创建统一的项目样板，以便于多专业、多人协同建模。

（5）图纸收集：根据 BIM 实施方案的要求，对相关的图纸进行收集。

2. 实施过程

（1）管线深化设计：通过结构、水、暖、电模型的建立，用 NavisWorks 软件检查施工图的错漏碰缺，出具碰撞检查报告，并结合设计人员进行设计优化，使施工图设计实现零错误。同时根据项目需要直接从 BIM 模型输出各专业施工图，进行净高检查，并与设计规范和施工要求进行对比检查。

（2）支吊架铺设：结合施工工艺对机电设计模型进行深化，深化后的模型要满足设计规范和施工要求。根据深化后的模型进行支吊架的铺设，在深化设计时就考虑使用综合支吊架，减少支吊架的种类，规范支吊架的施工。依据深化后的 BIM 模型，对各个专业进行约束，利用 BIM 模型指导现场施工。

（3）BIM 管线综合出图：由于机电图纸是各专业设计人员单独设计的，导致机电管线占位冲突严重。利用 BIM 技术创建项目 BIM 模型，结合建筑功能净高要求，并考虑现场施工可行性及后期检修维护，提前进行管线综合优化排布，利用优化后的 BIM 模型，进行施工前技术交底，并导出图纸指导现场施工。

（4）钢结构深化：建立土建和钢结构模型，将二者模型进行整合，检查容易出错的地方，包括预埋件位置、土建和钢结构接触部位的标高、钢结构梁柱节点牛腿长度、型钢混凝土节点的碰撞检查等，形成完整的图纸问题汇总单。

（5）装配式 PC 构件深化设计：通过 Revit 创建的土建模型与装配式 PC 构件进行整合，查找设计图纸问题，避免后续施工因图纸错误带来的工期延误。

（6）装修样板间策划：根据装修设计意图制作样板间 720°全景展示，辅助方案修改和选定。

（7）场地布置：采用 BIM 技术建立场地布置模型，借助动态模拟及漫游展示功能，从不同角度展现地上施工阶段、地下施工阶段中办公区、生活区、加工区、临电等布置方案，合理安排工作路线，避免现场混乱，减少二次搬运。

图 4-18　装修样板间 BIM 模型效果图

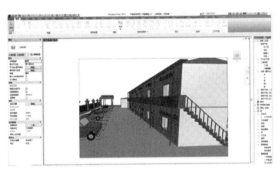

图 4-19　场地布置 BIM 模型

（8）铝模板清水混凝土：利用 BIM 技术进行铝模板排布深化，可直接依据模型进行工程量的提取；同时利用模型进行可视化技术交底，指导现场施工，提高工作效率。

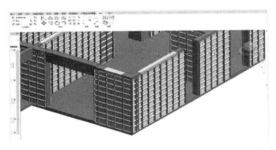

图 4-20　铝模板清水混凝土 BIM 深化

（9）预制构件深化：借助 BIM 技术，根据工厂加工及安装需要，对预制构件进行深化，解决构件内部和构件之间的碰撞以及吊装洞口预留等，为施工现场和预制构件厂

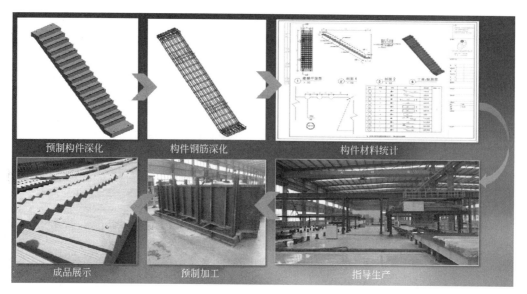

图 4-21　预制构件 BIM 深化

生产提供翔实可靠的支撑，减少错漏，提高工程质量和经济效益。

（10）施工工艺模拟：利用 BIM 技术对施工工艺进行动画技术交底，使施工人员快速了解和掌握施工顺序，提高施工效率。

图 4-22　施工工艺模拟

（11）文档资料管理：将模型数据集成在云平台，项目全体参与人员通过不同端口，随时随地查看项目相关资料，基于资料生成二维码实现资料共享，以实现现场无纸化办公，指导施工。解决项目资料丢失问题，以保证工程资料安全性，方便存档随时查看。

（12）任务管理：项目管理人员，通过任务更加精细化地管理现场工人施工，结合现场施工人员协同反馈施工现场照片与描述，从而达到让管理层能及时了解现场情况。

（13）协同交流：在现场发现的安全以及质量问题随时记录，问题可追溯，可统计分析，问题与 BIM 模型构件双向关联，通过模型构件可查看相关过程质量问题，通过质量问题记录可在 BIM 模型中定位到对应部位。针对问题展开讨论，问题解决后，可形成闭环，以供后期查看，资料归档。

4.5.4　BIM 应用效果总结

1. 效果总结

（1）BIM 平台在项目上使用，提高了各参与方的高效协调能力，优化了资料管理，减少了安全隐患，提升了过程控制能力，可以更好地把控工期，从而实现精细化管理。

（2）BIM 技术在机电工程中的综合应用，包括综合管线设计、碰撞检查、净高检查、多方案对比、维修空间检查以及设备机房、预留预埋等深化设计方面，减少了设计变更和二次返工，有效地节约了投资成本。

（3）项目协同平台的使用，提升了沟通的效率，有效地解决了本工程工期紧、参与方多、各专业之间信息交叉多、协调难度大的问题。

（4）项目采用清水混凝土，模板排布复杂，利用 BIM 技术进行提前策划，实现了一次成优的目标。

2. 方法总结

（1）应用方法的总结：通过本项目的实践应用，整理总结了《新乡守拙园建筑结构建模标准》《新乡守拙园机电建模标准》《新乡守拙园钢结构建模标准》，建立了固定的部门工作协作流程。

（2）人才培养的总结：本项目在实施初期，制定了人才培养方案及目标，通过项目建模实践培训，培养了一批具备建模能力的专业人员；通过过程中的实施培训，培养了一批具备现场应用能力的专业人员；通过平台的应用培训，培养了一批具备信息化使用能力的综合性管理人员。

（3）经济效益：利用 BIM 技术的应用，项目节省了材料成本和施工成本 83 万。主要效益点为优化设计，节省造价；提高图纸质量，避免返工；设备管线深化，避免材料浪费；提前策划，节省成本。

（4）社会效益：

① 项目召开了多场现场观摩会，利用此方式向兄弟企业进行了 BIM 技术的宣传交流，获得了良好的社会赞誉。同时，项目 3 号楼钢结构工程获得了"中国钢结构金奖"，充分展现了公司卓越的钢结构制造与安装能力。

② 项目中采用多种新技术，如清水混凝土、铝模板、混凝土装配、钢结构装配等，成功申请"一种钢筋快速加工弯钩装置""一种实验室用水泥砂浆试模及脱模装置"、"一种水平凸形混凝土施工缝吊模支撑装置""一种新型石材挂板扣件"四项实用型专利。

4.6 长房半岛蓝湾四期项目 BIM 应用案例

4.6.1 项目概况

1.项目基本信息

长房半岛蓝湾四期项目由 11 栋高层和 1 个地下室组成，高层为剪力墙结构，地下室为框架剪力墙结构。总占地面积约 3 万 m^2，总建筑面积 18 万 m^2，其中高层住宅面积 15 万 m^2（单栋最大建筑面积 1.4 万 m^2），工程工期为 1000 天。

图 4-23 长房半岛蓝湾四期项目效果图

2.项目难点

（1）创优管理：11 栋单体均须获评湖南省优质工程奖项，任务重，难度大。

（2）施工部署：施工场地狭长，呈带状布置，施工平面布置难度大。地势起伏，同层相对高差最大约 14m。

（3）进度管理：建筑规模大，工期紧，分包队伍多，协调难度大。

（4）安全质量管理：流水段多，施工缝和后浇带多，施工难度大，过程质量把控难度大。楼栋间高差大，危险源多，且东侧边坡支护平均高度 12m，危险系数大。

（5）成本管理：分包队伍多，流水段多，成本管控难度大。

3.应用目标

（1）业务目标

① 技术管理：三维场地布置、图纸碰撞检查、管线综合优化设计、可视化技术交底、二次结构排砖、建立工艺工法库。

② 生产进度管理：施工总计划编制、周进度精细管控、施工过程记录、进度动态纠偏。

③ 安全质量管理：安全质量问题跟踪、安全质量评优、安全质量例会。

④ 成本管理：编制材料采购计划、材料出入库管理、物资节超分析、产值统计、成本测算与三算对比。

⑤ 云平台应用：BIM＋智慧工地平台、项目资料协同平台、物联网平台。

（2）企业人才战略目标

① 公司级：管理层具备智慧化与数字化管理意识，职能部门借助云端大数据辅助决策，锻造企业 BIM 中心团队。

② 项目级：项目班子掌握利用 BIM＋智慧工地云平台实现精细化项目管理的方法，培养中层项目骨干，打造 BIM＋智慧工地项目经理实训基地。

③ 岗位级：培养专业 BIM 工程师 2 名，土建建模工程师 3 名，钢筋建模工程师 3 名，机电建模工程师 2 名，BIM＋智慧工地云平台运维工程师 1 名。

（3）创优目标

① 创湖南省优质工程奖。

② 获全国 BIM 大赛奖项。

③ 组织 1 次及以上以 BIM 为主导的观摩。

4.6.2　BIM 应用方案

1.应用内容

（1）分流水段、分时间提报工程量，与进度挂钩，提前规划下一个月的施工材料用量。

（2）根据项目实际进度，在 BIM5D 平台中修改实际完成时间，形成实际进度，同时掌握实际工程量完成情况。

（3）及时掌握对下计价金额（模型量），对上计价金额（清单量），进行动态对比，实时预警。

（4）根据模型计划量与物料实际消耗量及时对比，分析找出节超原因，切实控制好物料消耗。

（5）通过利用 BIM 技术，实现三维施工场地布置及全过程施工规划模拟，解决项目工期紧、同层相对高差大、现场平面布置难度大的困难。

（6）进行全专业模型碰撞，提前规避图纸问题。

2.应用方案的确定

（1）软件配置：利用广联达系列软件以及 Revit、Navisworks 等系列软件对项目工程建立结构模型、建筑模型、机电模型以及场地布置模型等，共同整合搭建 BIM 平台（表 4-5）。

（2）组织架构与分工

建立公司、项目经理部二级管理组织构架，建设单位、监理单位、设计单位参与其中的组织体系。

软件配置 表 4-5

软件名称及版本	用途
Revit 2016	复杂节点建模与深化
Navisworks Manage 2016	碰撞检查、施工模拟
广联达 GGJ 钢筋软件	钢筋专业建模
广联达 GCL 钢筋软件	土建专业建模
MagiCAD 2018	机电专业建模
广联达场地布置软件	施工现场布置优化
斑马进度软件	进度计划编制
广联达 BIM5D 2018	模型整合与 BIM 应用,辅助项目进行技术、进度、质量、安全、物资、劳务、成本等全过程管理
Lumion	动画制作
Fuzor	动画浏览

（3）实施顺序

① 公司、项目部两级分别进行 BIM 基础培训与 BIM 应用培训。

② 制定 BIM 落地应用联合推动方案、BIM 应用制度、相应的职责分工，确保 BIM 技术在项目落地使用，执行有效。

③ 定期编制 BIM 应用阶段性成果总结与下阶段工作计划。

4.6.3　BIM 实施过程

1.实施准备

（1）制定 BIM 应用方案：项目部开工前根据现场情况，制定 BIM 技术实施方案，明确应用需求、应用流程、应用范围。确保 BIM 技术在施工过程中解决实际问题，减轻管理人员负担，提高管理效率。

（2）制定 BIM 应用制度：项目制定 BIM 应用制度，明确相应的职责分工，定期考核奖惩，确保 BIM 技术在项目落地使用，执行有效。

（3）组织专业 BIM 培训：公司、项目部两级组织技术骨干 BIM 基础培训 2 次覆盖约 78 人/次，应用培训 4 次覆盖约 166 人/次，为项目 BIM 技术应用做好人才储备，打下坚实基础。

（4）模型创建：项目应用 Revit、广联达 BIM 算量、MagiCAD、三维场地布置等软件建立全专业工程模型，共发现图纸问题 167 处。根据施工图会审、设计变更同步修改模型，确保模型对现场施工的指导作用。

2.实施过程

（1）BIM 技术管理

① 碰撞检查：通过碰撞检查，定位出本专业内部及各专业间的碰撞点，导出碰撞检查报告，使得图纸问题的发现、讨论、修改和验证过程的周期大为缩短，同时减少了

施工阶段可能存在的返工风险。项目通过碰撞检查发现碰撞问题 1339 个，对机电及机电与结构专业间影响较大的碰撞点，均给出了三维图形显示、碰撞位置、碰撞管线和设备名称以及对应的图纸位置。

图 4-24　水管与桥架碰撞

② 管线综合优化：通过 BIM 模型对管线进行综合优化设计，为后续施工避免因图纸问题造成的工期延误、工程质量和使用上的缺陷，避免二次开洞。

③ 工艺工法库：项目部将各项技术交底、施工方案等上传至 BIM 系统工艺工法库，形成项目级工艺工法库平台。现场技术人员能够随时在手机端查看当前施工工艺流程，保证施工质量。

④ 资料协同管理：将项目工程资料、会议纪要、图纸等上传至云空间，供所有管理人员随时在手机端或者电脑端进行查阅。在图纸发生变更后，资料员第一时间上传新图纸来替换原有图纸。

⑤ 可视化技术交底：项目建立施工关键节点的三维模型，对施工人员进行可视化技术交底，使施工作业人员更加直观地了解施工工艺、质量控制要点及保证措施，从事前控制出发保证施工质量。

⑥ 二次结构排砖：应用 BIM 技术对现场的砌体进行自动排布，生成对应墙体的砌体排布图，导出砖砌体材料需求表，根据排布的砌块规格进行现场集中加工定尺砌块或工厂化加工定制，以精确控制砌体的材料用量，减少材料浪费并缩短施工时间。

（2）生产进度管理

项目应用 PDCA 循环管理的原则进行生产进度管控。

① 进度计划编制（Plan）：应用斑马进度编制项目进度计划，直观查看关键路径和自由时差。任务之间的逻辑关系直观，特别有利于发现漏洞、优化工期、平衡资源、预防风险。抓住工程主要矛盾、调整计划、优化工期。将进度计划与合同清单导入 BIM 系统与模型关联，项目总工在 BIM 系统中模拟选定的任意时间段资源曲线、资金曲线、进度计划，根据曲线数据分析进度计划排定的合理性。

② 将总进度计划精细分解成周进度计划，进行现场进度管控（Do）：在网页端排布

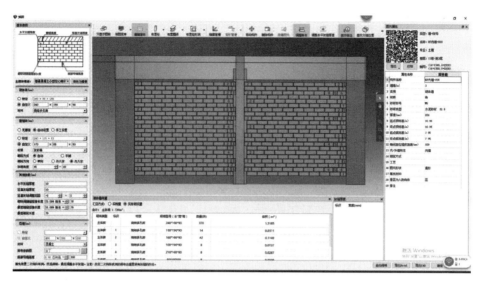

图 4-25　一键排砖界面

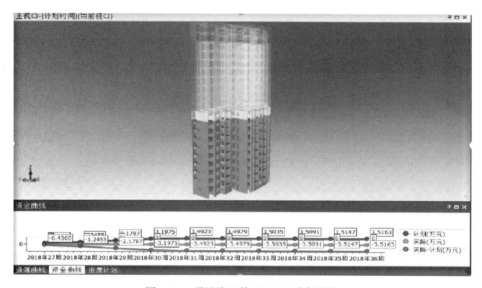

图 4-26　项目施工前 BIM5D 动态预演

周进度计划，并推送至各楼栋施工员手机，施工员在手机端每日填报现场实际进度与劳动力数量，采集现场照片。项目领导层通过手机端实时查看本周生产任务已完数量、延迟情况、劳动力消耗情况和物资收发料情况、安全质量问题数据，及时发现施工生产过程中的问题并实时督导，采取对应解决措施。项目部每周固定时间应用 BIM 系统自动生成的数字周报，检视、汇报本周生产任务完成百分比及延期原因，与会人员根据不同流水段内进度、劳动力数量情况以及安全质量问题分布情况，制定优化方案，调整施工进度。

③ 计划进度与实际进度差异分析（Check）：通过 BIM 平台，项目部人员对各工区人员的工作进展情况实时管控，每周五及月初进行工作安排，月末应用前锋线动态管控功能，进行实际进度与计划进度对比分析。

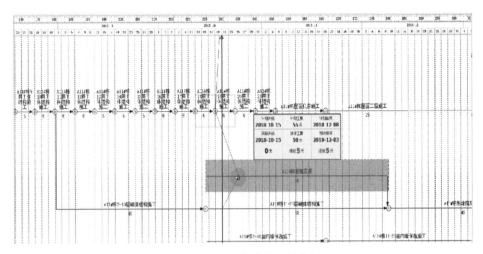

图 4-27　月进度计划差异分析

④ 通过调整资源配比，对进度偏差进行动态纠偏（Action）：在 BIM 生产周例会上，分析进度差异原因，安排下周工作。根据项目奖惩制度，系统自动对人员、分包单位进行排名，相关奖惩实时兑现，高效辅助项目管理。

（3）安全质量管理

① 质量安全问题管理：应用 BIM 系统累计发起质量问题 764 条、安全问题 324条，按时整改率 93.2%，质量安全闭环管理规避了现场施工风险，照片留痕方便后期追溯，同时导出问题台账进行劳务队评比。项目质量安全管理人员能够通过平台完成质量安全部门的日常工作，质量安全管理的表单能够通过 BIM 模型参数相互关联。质安部门现场手机 APP 上传后，可以直接打印整改单，并且自动形成台账，不需要再花大量的时间去整理相机照片和现场手工记录的笔记，大大提高了工作效率。

② 质量安全评优：相关项目管理人员发现安全质量亮点、标杆做法后，上传至BIM 系统平台，对优秀单位进行正面激励，形成正面竞争机制，提高相关单位积极性，从而保证工程质量。

③ 安全定点巡视：由安全总监设置现场巡视点和巡视周期，巡视人到巡视点使用手机端扫描二维码签到，描述巡视点的现场情况，直接用手机端发起安全问题，同时查看该巡视点之前的问题是否完成整改。

④ 质量安全例会：安全、质量负责人通过网页端分别向与会人员汇报周安全、质量情况，针对问题列表中待整改项提出解决方案。会议领导根据解决方案、模型数据确定最终结论，会议记录人将问题结论录入 BIM 系统，相关责任人通过手机端跟踪问题后续整改情况。

（4）物资管理

① 材料采购计划：应用 BIM 系统按流水段、部位、专业、进度多维度提取材料需用量，指导现场采购，精确控制材料消耗量。

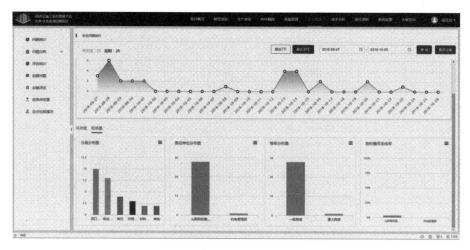

图 4-28　质量安全问题记录与分析

② 材料消耗量：应用 BIM 系统累计录入钢筋、商品混凝土、水泥、防水卷材、模板等 20 余项主要材料的收料与发料情况，其中螺纹钢 HRB400 累计入库 1716.227 吨，累计出库 1295.082 吨，累计库存 421.145 吨，为项目材料管控提供依据。

序号	名称	单位	期初结存	本期入库	本期出库	期末结存
1	圆钢HPB300					
2	螺纹钢HRB400					
2.1	6mm	吨	0	84.71	63.734	20.976
2.2	8mm	吨	0	297.845	182.026	115.817
2.3	10mm	吨	0	146.945	112.671	34.274
2.4	12mm	吨	0	355.357	263.311	92.046
2.5	14mm	吨	0	100.819	86.5	14.319
2.6	16mm	吨	0	452.168	381.58	70.588
2.7	18mm	吨	0	39.87	23.615	16.256
2.8	20mm	吨	0	99.234	82.563	16.671
2.9	22mm	吨	0	17.969	12.79	5.179
2.10	25mm	吨	0	122.21	87.29	34.92

图 4-29　材料收支存台账

③ 材料节超分析：每月进行物资盘点，将材料需用量与实际消耗量进行对比分析，查找物资超耗原因，制定解决措施，降低材料损耗。

（5）成本管理

项目部将三维模型分别与进度计划、合同清单进行关联，进行成本管控。

① 产值统计：应用 BIM 系统根据当月实际形象进度进行产值统计，极大节约统计时间，提高数据准确性。

② 资金资源分析：项目部动态进行资金计划与实际的对比分析以及资源消耗计划与实际的对比分析，形成资金、资源曲线，用数字化手段为项目的成本控制提供有效支撑。

③ 产值看板：项目负责人在网页端可以直观查看当期产值数据，并及时掌握清单

指标分析、钢筋指标分析、混凝土指标分析、经济指标分析等核心数据，为项目的经济决策提供支持。

④ 进度报量：通过模型与进度的挂接，在完成施工任务后，将工程实际进度传回 BIM 系统，成本负责人可以按照进度报量区间，进行完工量对比、物资量统计对比、清单量统计对比、形象进度对比，及时准确地输出进度报量，相比传统报量方式，更加精确且缩短了 50% 的耗时。

⑤ 工程量对比分析：项目成本部门通过对模型工程量、合同清单量、实际消耗量做出工程量对比分析，并召开工程量对比分析会议。

⑥ 项目收益率核算：基于手机端录入的材料出入库与设备台班消耗情况，项目管理人员在网页端调取材料收支存报表与设备报表，统计材料和设备成本。根据已完工建筑面积，乘以平方米指标，估算劳务费成本。项目管理人员依据人、材、机成本，乘以相应费率，估算管理费、利润、税金等成本。通过产值和成本的对比，快速估算项目当期盈亏情况，制定相应措施遏制亏损，确保实现项目收益目标。

（6）责任成本与成本分析创新应用

① 通过建立企业成本管理基础数据库，包括材料库、机械库、劳务分包库、专业分包库、成本分析库以及定额拆解库、企业定额库等，实现基础数据的快速调用以及经验值的快速调用。

② 通过信息化技术，实现快速收入拆分、定额拆解，快速拆解成目标责任预算，简化管理人员通过手动翻看纸质文档、手动拆解的繁琐过程。

③ 通过信息化技术，实现快速责任目标成本编制，辅助成本分析，支撑经济活动分析会。

④ 通过信息化技术，快速采集实际成本数据，实现实际成本的快速编制，自动对比分析，通过信息化手段来加强对实际成本的管控。

4.6.4　BIM 应用总结

1. 效果总结

（1）技术效益

① 通过可视化的分阶段总平面布置，减少了现场材料转运次数，提升了施工现场的空间利用率。

② 通过对设计图纸创建 BIM 模型进行复核，发现碰撞问题 1339 处，共计节约成本 133.9 万元。

③ 通过 BIM 自动排砖，大幅提升了砌体施工的质量和砌筑速度，减少了现场砌体浪费，减少二次搬运，创造经济效益 56 万元。

④ 通过项目建模工作，建立起建筑族库、结构族库、风系统族库、水系统族库、电气模块族库共计 200 多个自主研发的族类型，为公司储备了可以重复使用的关键技术。

⑤ 通过样板引路，为项目引入了全新的质量、安全管理模式。

⑥ 通过项目建模工作，建立起施工样板 50 多个，为项目技术方案编制、交底、应用提供了有力的技术支持。

（2）管理效益

① 通过 BIM 系统辅助资料管理，提高了资料传输效率和管理效率，减少了资料传递过程中的错误及偏差，初步实现了无纸化办公，尤其是通过 BIM 平台进行图纸管理，提高了传输效率，降低了信息丢失和偏差。

② 完成项目三维交底 23 次，加强了现场人员对工程的理解，提高了质量和安全管理，并利用移动端追踪质量安全问题，使项目问题可控，改变传统的现场管理模式，集成工程管理数据，提高管理效率。

③ 通过 BIM 技术在项目执行过程中不断辅助调整计划，确保了项目 5 个里程碑节点的顺利完成。

④ 商务管理：BIM 算量减少了商务算量人员的大量重复计算工作，降低了材料、工程量的偏差。通过 BIM 模拟对现场资源情况进行预判，便于提前合理安排资源，通过 BIM 平台提高了成本管理精度，为及时进行成本分析和调整提供依据。

⑤ 通过 BIM 系统平台进行协同管理，大幅减少了项目沟通壁垒，无形中提升了项目的管理能力，提高了公司的施工总承包管理水平。

2. 方法总结

（1）制定 BIM 模型标准及管理方法：形成了 BIM 土建建模工作流程、BIM 钢筋建模工作流程、BIM 机电建模工作流程、BIM5D 模型整合与关联工作流程、BIM 技术应用实施方案、BIM 技术制度等技术标准。

（2）BIM 人才培养：公司组织技术骨干 BIM 基础培训班 3 次覆盖 166 余人、应用培训班 2 次覆盖 70 余人。通过 BIM 实践培养专业 BIM 工程师 1 名、土建建模员 2 名、钢筋建模员 3 名、机电建模员 2 名，助推项目 BIM 落地应用。公司鼓励技术人员参与行业技术认证考试，BIM 技术人员获得工信部、图学学会、中国建设教育协会、Autodesk 等机构认证的 BIM 证书。

（3）社会效益：项目获得首届"优路杯"全国 BIM 大赛铜奖、湖南第二届 BIM 技术大赛三等奖、中铁城建集团第三届 BIM 大赛二等奖，并评选为广联达 BIM 应用观摩基地。

4.7 北京中关村曹妃甸高新技术成果转化基地项目 BIM 应用案例

4.7.1 项目基本情况

1. 项目基本信息

北京中关村曹妃甸高新技术成果转化基地项目为公共建筑，框架剪力墙结构。项目总建筑面积 119622m²，其中地下建筑面积约为 19906m²，地上建筑面积约为 99716m²，建筑占地面积约为 13349m²。

图 4-30　北京中关村曹妃甸高新技术成果转化基地项目效果图

2.项目难点

本项目体量巨大，难点主要为深基坑施工、预制构件（叠合板及楼梯）加工、吊装及安装的精度要求较高，工期要求紧。

3.应用目标

项目依托于政府委托的承担项目管理单位的角色和优势，采用项目管理＋BIM 咨询模式，对各参建单位包括建设单位、监理单位、施工单位、预制装配式厂家等进行协同管理，在项目建造期间从技术角度和商务成本角度展开不同价值点的应用。

4.7.2　BIM 应用方案

1.应用内容

（1）校核施工图纸错误、专业冲突及不合理问题。

（2）碰撞检查、管线综合及支吊架优化。

（3）三维技术交底，直观地进行技术交底工作，论证项目复杂节点的可造性。

（4）施工总平面三维布置，模拟场地的整体布置情况，提前发现和规避问题，协助优化场地方案。

（5）装配式预制构件 BIM 应用，通过"BIM＋二维码"技术进行预制构件状态跟踪。

（6）分包界面划分辅助招标应用，运用 BIM 技术将不同分包界面进行模型划分，避免错漏现象。

（7）进度控制，对模型进行流水段划分，将进度计划与模型构件进行关联，计划与实际进度进行对比，并配合无人机使用，与现场实际完成情况进行对比分析。

（8）商务应用，将本项目模型构件与工程量清单及报价进行关联，对项目进行投资计划、期中支付、竣工结算等商务应用。

（9）地板砖排砖应用，对所有地板砖粘贴部分进行排砖，优化铺贴方向。

（10）质量安全及验收应用，通过云端共享数据，改变传统的现场联检制度，从而提升工作效率。

2.应用方案的确定

（1）软硬件配置

软硬件配置   表 4-6

序号	类型	BIM 建模软件	内容
1	建模类	Revit	建筑结构模型建立
2		RevitMEP	机电模型建立
3		MagiCAD	综合支吊架模型建立
4		广联达场地布置	施工场地临建模型建立
5		广联达模架设计	施工模板脚手架建立
6		广联达 GCL	广联达土建模型辅助 BIM5D 应用
7		广联达 GGJ	广联达钢筋模型辅助 BIM5D 应用
8	应用类	Navisworks	碰撞检查
9		BIM5D	施工阶段的三维浏览、质量安全检查、进度、商务应用等
10		EBIM	二维码扫描物料跟踪

（2）组织架构

为保证项目如期交工，本项目采用了"项目管理＋BIM"的组织架构，利用 BIM 先进技术辅助项目精细化管理（表 4-7）。

组织架构   表 4-7

序号	岗位	职责
1	BIM 项目经理	(1)以 BIM 项目管理为核心,依据项目决策,全面领导工作。 (2)负责制定本工程 BIM 应用的任务计划,组建任务团队,明确职能分工。 (3)负责组织相关 BIM 技术人员了解本工程的合同、各专业图纸和技术要求。 (4)根据本工程实际情况,组织制定可行的深化设计方案。 (5)参与业主、监理、BIM 总包等单位的讨论、协调会议。 (6)组织项目部管理人员、BIM 团队对本工程的 BIM 方案进行评审,确定具体实施方案。 (7)按照《BIM 技术应用标准和流程》,组织 BIM 团队建立和优化本工程的各专业模型。 (8)BIM 技术应用跟踪总结管理,组织编制工程竣工总结报告
2	土建建模组组长	(1)确定项目中建筑结构 BIM 标准和规范。 (2)组织协调人员进行各专业 BIM 模型的搭建、建筑分析、三维出图等工作。 (3)负责 BIM 交付成果的质量管理,包括阶段性检查及交付检查等,组织解决存在的问题
3	土建建模工程师	(1)负责土建模型建模、整合。 (2)负责软件技术支持(安装、调试等)。 (3)负责图形渲染及动画展示。 (4)负责 BIM5D 平台模型数据的对接。 (5)维护 BIM 模型,涉及的变更信息,相对应地变更工程数据并及时利用 BIM 模型进行统计分析,并反馈至相关部门

序号	岗位	职责
4	安装建模组组长	(1)确定项目机电专业 BIM 标准和规范。 (2)组织协调人员进行各专业 BIM 模型的搭建、性能分析、三维出图等工作。 (3)负责各专业的综合协调工作(阶段性管线综合控制、专业协调等)。 (4)负责 BIM 交付成果的质量管理,包括阶段性检查及交付检查等,组织解决存在的问题
5	安装建模工程师	(1)负责机电专业模型建模、整合并进行管线综合。 (2)负责软件技术支持(安装、调试等)。 (3)负责图形渲染及动画展示。 (4)负责 BIM5D 平台模型数据的对接。 (5)维护 BIM 模型,涉及的变更信息,相对应的变更工程数据及时利用 BIM 模型进行统计分析,并反馈至相关部门
6	现场技术应用组	(1)负责现场数据分析、整理并与 BIM5D 对接。 (2)负责 BIM 应用点落地现场执行监督(安全、质量、进度等管理应用)。 (3)负责 BIM 技术方面应用点推广。 (4)负责与现场各分包协调、组织应用 BIM。 (5)根据复杂节点模型模拟,辅助技术交底。 (6)负责现场进度把控与数据分析、整理、反馈。 (7)熟悉并掌握 BIM 系统操作要领,如何查看/隐藏相关 BIM 模型构件,如何查看、反查及导出所需工程数据用于现场施工指导与编制材料计划。 (8)熟练掌握手机移动终端应用,练习快速采集/编辑现场质量、安全资料库
7	商务技术应用组	(1)负责商务部分数据分析、整理并与 BIM5D 对接。 (2)负责 BIM 应用点落地现场执行监督(商务口:合同管理、预算。 (3)进度报量管理。 (4)分析资金使用情况,资源配置情况。 (5)熟练掌握 BIM5D 系统牵涉到成本管控的操作要领,并实时录入现场相关的成本内容,便于项目成本分析及管控

（3）实施顺序

① BIM 项目经理与现场管理咨询项目经理沟通后，确定项目 BIM 目标，编制实施方案。方案确定人员架构、软硬件要求，进行协调部署。并建立本项目的建模规范及管综原则。

② 土建建模组使用 Revit 软件进行建筑结构模型建立，使用广联达场地布置软件进行施工临建模型建立。

③ 安装建模组使用 RevitMEP 进行机电模型建立，MagiCAD 进行综合支吊架建立。将建筑结构模型和机电模型生成 nwd 格式文件，用 Navisworks 软件进行碰撞检查，进行安装系统的管线综合。

④ 现场技术应用组将调整后的模型及场布模型利用插件导入广联达 BIM5D 平台与进度计划进行关联，进行三维、质量安全、进度等应用。将调整后的模型利用轻量化插件导入 EBIM 平台进行二维码扫描物料跟踪，实时跟踪 PC 构件的生产安装情况，保障项目整体进度。

⑤ 商务技术应用组在广联达 BIM5D 平台中将模型与预算清单文件进行关联，进行商务应用。

4.7.3　BIM 应用方案

1.实施准备

按照以往建模经验及本项目特点，结合后续 BIM 应用点制定了本项目的建模规范。为更好的在本项目实施"BIM"信息化管理模式，建立建筑信息模型，成立专门的 BIM 管理团队，由项目经理担任 BIM 的负责人，其他相关专业人员由项目各专业骨干担任，以确保 BIM 的良好运行。

2.实施过程

（1）三维审图：建模过程中，将发现的图纸问题，用二维和三维的展现形式反馈设计部门，做好预控，减少了过程中的变更。通过建模识图、三维可视及局部碰撞检查，能够清晰发现部分设计问题，并直观表述给设计部门。

（2）碰撞检查、管线综合及支吊架优化：通过搭建各专业的 BIM 模型，设计师能够在三维环境下更直观地发现设计中的碰撞冲突，从而提高管线综合的设计能力和工作效率。不仅能及时排除项目施工环节中可能遇到的碰撞冲突，显著减少由此产生的变更申请，更大大提高了施工现场的生产效率，降低由于施工协调造成的成本增长和工期延误。

根据本项目碰撞检查及管线综合优化流程图及管线综合原则，利用 Navisworks 软件进行碰撞检查，通过各碰撞点的坐标及构件 ID 查找模型构件，按照原则调整模型及施工图。对重点区域、管线密闭区域进行管线综合排布优化，满足规范及净高要求，通过优化后本项目直接提升净高 300mm。

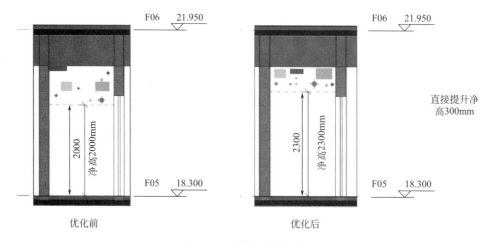

图 4-31　管线综合优化

（3）三维技术交底：通过对重要施工环节或采用新施工工艺的关键部位以及施工现场平面布置等施工指导措施进行模拟和分析，以提高计划的可行性。利用 BIM 技术结合施工组织计划进行预演以提高施工模板、玻璃装配、锚固等复杂建筑体系的可造性。通过复杂节点的三维展示图及动画，直观进行技术交底工作，论证项目复杂节点的可造性，及时排除风险隐患，减少由此产生的变更，从而缩短施工时间，降低由于设计协调造成的成本增加，提高施工现场生产效率。

（4）施工总平面三维布置：通过相应的 BIM 软件，将二维的施工平面布置图建立成为直观的三维模型，模拟场地的整体布置情况，协助优化场地方案。通过 3D 漫游展现现场设施布置情况，提前发现和规避问题。根据内嵌规范对布置情况进行合理性检查，自动生成工程量，为场布提料提供依据，避免浪费。

（5）装配式预制构件 BIM 应用：通过 BIM 模型与数字化建造系统的结合，可以自动完成建筑物构件的预制，BIM 模型直接用于制造环节可以在制造商与设计人员之间形成一种自然的反馈循环。项目顶板采用叠合板装配式构件，应用 BIM 软件对预制板拆好的图纸进行模型建立及编号，通过"BIM＋二维码"技术对预制构件状态进行实时跟踪，即时查询预制构件的加工、运输、安装等状态，并根据二维码对预制构件进行定位，指导安装。

图 4-32　装配式预制构件 BIM 应用

（6）进度管控：通过将 BIM 模型与施工进度计划进行链接，使得空间信息与时间信息整合在一起，从而可以直观、精确地反映整个施工过程。本项目体量大、工期紧，进度控制尤为重要，应用 BIM 技术对进度进行实时跟踪和管理，结合施工组织对模型进行流水段划分，将 Project 软件编制的进度计划与模型构件进行关联，计划与实际进度进行对比，查看进度计划完成情况。及时对进度滞后点进行纠偏，并配合无人机使用，与现场实际完成情况进行对比分析，使得工期提前 12 天。

（7）地板砖排砖应用：为加快施工速度、节约材料，应用 BIM 技术对所有地板砖粘贴部分进行排布，优化铺贴方向，综合优化瓷砖整体性，减小损耗率。

（8）商务应用：通过模型构件与工程量清单及报价进行关联，对项目进行投资计划、期中支付、竣工结算等商务应用。将 Revit 模型导入广联达 BIM 算量 GCL，Magi-CAD 模型导入 GQI，按照国家颁布的计价规则进行修正，出具准确的工程量，出具招标清单。在施工过程中将 BIM 模型导入 BIM5D 平台，关联清单后，按照时间、楼层、流水段、构件类型统计计算中期计量，快速提供进度款支付数据，完成中期支付审核。根据流水段、进度计划，编制资金需求计划，以便建设方及时落实建设资金，保证项目进展。利用 BIM 技术快速准确的获取任意阶段，分部的人、材、机等资源数量，快速完成采购计划，实现限额领料，避免供货量不足、超领等现象，从而降低项目资金风险。利用 BIM 模型所挂接的信息，实现对过程中签证、变更、索赔费用的自动汇总生成，合同各分项工程量、造价快速统计，结算审核工作效率得以大幅提升。

（9）质量安全及验收应用：项目将 BIM 模型上传至云端，项目人员可在 PC 端和移动端同步浏览。现场检查过程中，通过 BIM 模型锁定存在质量安全问题的构件，用不同颜色区分，并通过文字、图片等方式记录问题说明，将所发现的问题通过 BIM 平台直接反馈给相关责任人进行整改，责任人整改完成后，检查人复检，上传整改后图片及检查意见。整个检查和整改过程遵循了 PDCA 的检查机制，使质量安全问题得到有效控制，问题及整改状态一目了然。

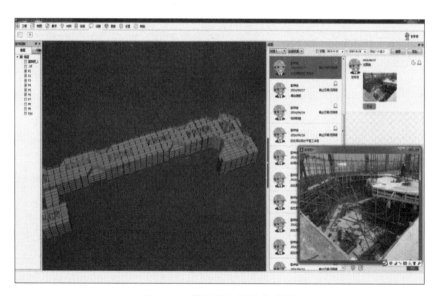

图 4-33 质量安全及验收应用

4.7.4 BIM 应用效果总结

1.效果总结

（1）施工界面划分：通过 BIM 模型进行分包界面划分，减少了文字描述的分歧，准确三维展示各分包工作界面，并通过模型划分对分包单位进行质量、投资、进度等控制。

（2）管线综合：改变管线综合由不同专业设计人员通过二维图纸结合各专业意见实施的方式，运用相关 BIM 软件进行软、硬碰撞检查，及时快速进行图纸交底和会审等工作，减少变更带来的经济损失。

（3）进度控制：直观查看实际进度，并进行对比分析，有效控制并完成计划进度，提前 12 天达成预期进度目标。

（4）质量安全控制：改变了以往随身携带图纸、记录本或用头脑直接检查和记录现场问题的局面，现场运用移动端可随时查看模型信息，并在问题出现空间处进行标记，及时反馈问题状态。

2.方法总结

（1）应用标准的建立：按照以往建模经验及本项目特点，结合后续 BIM 应用点分别制定了北京中关村曹妃甸高新技术成果转化基地项目建筑结构专业以及机电专业建模制图标准和机电专业管综原则。

（2）BIM 人才的培养：本项目通过项目管理＋BIM 的组织架构，将 BIM 技术更深层次地传导到项目上，让一线管理人员进一步了解 BIM 技术，为未来有项目经验的 BIM 人员做了储备。

（3）经济效益：通过 BIM 技术应用，该项目主体结构施工工期缩短了 12％，节约成本 8％，实现了建造期间的精细化管理。

（4）社会效益：项目的 BIM 技术应用成果在 2017 年中建协工程建设 BIM 大赛上获得了卓越项目二等奖；同时，推动并推广 BIM 技术在河北省的更多更好的应用。

4.8　银座大酒店项目 BIM 应用案例

4.8.1　项目概况

1.项目基本信息

印象城银座大酒店项目为公共建筑，由山东金正阳建筑工程有限公司承建。建筑面积约为 54000m²，由 1 栋高层及地下车库组成，建筑高度为 99.35m，为框架核心筒结构。

2.项目难点

（1）涉及专业多，对工期及质量要求高：该项目有高质量的施工要求，且严格控制施工风险因素。但由于项目涉及多专业、多机械，故影响施工的质量与风险因素相对偏多，提前制定应对措施显得尤为重要。

（2）多专业设计交互问题较多，极易造成返工：大型酒店项目所涉专业多，管道设备错综复杂。采用传统的施工方式工作量大，图纸错误多且事前很难发现，极易造成返工导致成本的增加。

（3）复杂节点多，技术难度高：该项目机电专业涉及较多，造成复杂节点多、复杂程度大等问题。按照传统施工手段，很难做到项目的低成本、高效率和高质量运行。

图 4-34　银座大酒店项目效果图

（4）项目协同产生的问题多，效率低下：大型酒店项目信息量大、分支专业（系统）多，传统低效的点对点方式往往产生很多理解不一致问题，项目参与各方需要统一的信息共享平台、统一的数据库系统、统一的流程框架，实现高效协同。

3. 应用目标

（1）前置化设计管理：在设计阶段，利用 BIM 技术针对建筑物的真实特性进行模拟，并对施工中的重点、难点、易错点进行检查，把管理工作提前到设计阶段，提前规避施工中可能出现的问题，在施工中有效减少变更，达到节约工期的效果，保障酒店项目按期营业。

（2）平台化施工管理：在施工阶段，利用模型平台实现业主方、设计方、总包方、监理方、咨询方五方对工程信息、管理制度、施工方案等基础信息的一致化认知，打破信息孤岛，大幅度提升管理效率。

（3）联动化商务分析：在利用设计模型出图的同时，在设计模型中直接提取工程量，形成工程量清单，并编制造价文件，促进业务的综合提升。

（4）智能化运维管理：利用 BIM 模型随时查询任一构件信息，通过 BIM 浏览器、手机扫描构件二维码获取构件全部信息，为该酒店项目的长期运营维护提供数据支撑。

（5）透明化工程监管：利用 BIM 技术对项目实施流程进行梳理，为业主打造一套完整的信息化项目管理体系，提升项目管理水平，累积项目数据，使业主在后续项目管理和决策分析做到有据可依。

4.8.2　BIM 应用方案

1. 应用内容

（1）模型检查及优化：针对设计图纸进行建模，检查设计模型中错、漏、碰、缺等问题并进行调整，调整后再进行优化设计，使设计更具美观性、实用性、经济性。

（2）模型点对点应用：针对图纸设计不完善的内容（如监控点位布置、车位规划布置等），利用模型进行应用规划，点对点模拟监控点、车位的使用效果。

（3）预加工处理：针对管道支吊架、桥架弯头等构件提前进行预加工处理。

（4）施工模拟：对施工流程、工期及复杂节点工艺进行模拟，合理化施工配置，并对施工工艺进行三维模拟展示。

（5）信息化施工管理：利用模型信息平台进行信息传递、质量安全管理及资料留存。

（6）BIM 商务管理：利用模型提量，为商务管理提供数据依据。

2. 应用方案的确定

（1）软件选型

设计建模软件选用 Autodesk Revit、MagiCAD；集成平台选用广联达 BIM5D；算量软件选用广联达 GGJ、广联达 GCL、广联达 GBQ。

（2）组织架构

① 前期规划组：通过前期与委托方的对接，确认本次 BIM 应用的主要范围，制定项目 BIM 应用的整体解决思路。

② 应用技术组：由项目的各专业负责人组成应用技术组，对接前期规划组，把控各专业的具体 BIM 实施方案并进行交底和审核。

③ 设计建模组：负责基础模型和数据的提供及整合。

④ 驻场组：设置土建、安装专业人员各一名，派驻现场，针对现场的突发状况进行及时调整，确保现场施工按计划进行。

（3）实施顺序

① 施工准备阶段：进行应用人员组织架构的搭建，进行 BIM 实施方案、建模标准

等制度的制定，以及图纸等资料的准备。

② 深化设计阶段：在前期准备资料的基础上，进行土建、安装、钢结构、幕墙等专业模型的建立，在模型中进行碰撞检测、进度模拟等模拟测试，并针对模拟结果进行深化设计，深化设计结果经检查后，输出碰撞报告，并形成深化设计模型/图纸、施工进度计划、施工方案动画等成果。

③ 施工过程阶段：在 BIM5D 平台中，将模型数据与现场照片、相关文件进行整合，用于现场的场地、资料、进度、商务、质量安全管理，打通项目的横向与纵向环节，做到全链条、全系统、全生命期管理。

④ 竣工交付阶段：通过设计阶段 BIM 模型的创建以及施工阶段 BIM 模型的维护和更新，将设计施工管理、项目竣工和运维阶段需要的资料档案（包括验收单、合格证、检验报告、工作清单、设计变更单）等挂接到 BIM 模型中，最终提供给业主整合大量运维所需数据和资料的建筑信息模型，为建筑后期的维修保养提供数字化的管理资料。

4.8.3 BIM 实施过程

1. 实施准备

（1）制度准备：由于参建人员众多，所以需要所有建模人员按照同一套建模规则进行建模，以保证后续的模型交互，因此在项目前期进行了银座大酒店模型建模规范、银座大酒店模型优化原则、银座大酒店建模注意事项等制度的订立。

（2）人员准备：为了保障后续 BIM 工作的有序推进，在工程准备阶段针对现场人员进行 BIM 应用软件的培训，保证现场人员能在施工过程中快速上手。

（3）流程准备：在项目开工前，根据 BIM 实施不同阶段对人力、物力的需求，提前设计 BIM 应用流程，详细规定每阶段的负责人、参与人及需要完成的工作要求等，保障后续工作的有序进行。

2. 实施过程

（1）模型点对点应用

① 智能停车规划：在满足达到规划要求的车位数规范、保证足够安全距离的前提条件下，应用 BIM 技术合理规划车位，为项目增加 10 个停车位。

图 4-35　智能停车规划

② 智能监控：通过模型综合进行监控模拟，直观模拟监控点位、监控画面，预防监控死角，全方位保障业主安全。

（2）深化设计模型

① 模型符合性检查：5 层至 7 层采用多联机空调系统，每层冷媒管道主管应连接5 层的室外机组，在模型综合中发现图纸设计中无主管连接路由。经过深化设计后，每层冷媒管道经管道井到 5 层屋面连接室外机。

② 模型完整性检查：经图纸完整性检查发现原设计中 5 层至 7 层的多联机空调系统的冷媒管道、冷凝管道均缺少管径标识，这样的问题可能造成后期施工时进料采购量不明确，施工时重新计算管径影响工期，产生不必要的浪费。可以利用模型计算管径需求，模拟管道流量，并形成设计模型。

③ 模型碰撞性检查：安装专业进行管道井设计时，所使用的参照依据是建筑图纸，仅考虑了墙的尺寸，并未考虑梁的尺寸，此处墙厚为 100mm、梁宽为 200mm，直接影响了管道井空间，这种影响在图纸上是难以发现的，所以需要利用 BIM 技术来进行检查。利用 BIM 技术，重新排布管道井方案，提前规避问题，并出具图纸指导现场施工。

④ 规范交互性检查：喷淋系统模型完成后进行审查，发现管径标注错误，属于"错漏碰缺"中的"错"。根据图纸设计说明选型，标注应为 $DN40$、$DN50$。

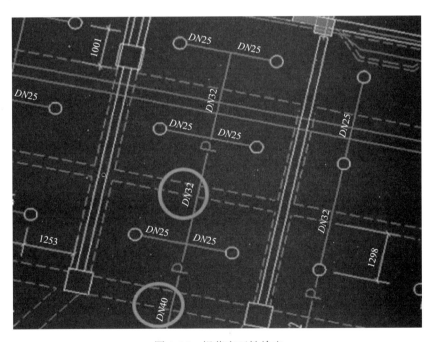

图 4-36　规范交互性检查

⑤ 经济性优化：原设计所有的风机盘管都是右式的风机盘管，管道需要走到右边连接风机盘管，通过优化把风机盘管右式改为左式，设备价格不变。这样管道直接在左边连接风机盘管，通过计算每个风机盘管可以节约 3m，整个项目中通过这个微小的改变共节约铜管 600m。

⑥ 空间及净高优化：在原酒店设计方案中，层高 3.6m、梁高 0.85m，走廊狭窄且管线种类多而杂，BIM 模拟排布后测算出管道约占用空间 0.65m，实用净高为 2.1m。业主提出要求，希望能压缩管道空间，提升空间利用率。针对业主要求，BIM 团队创新性提出将电缆桥架在梁内预埋，两侧结构单独加强，有效地提升了空间利用率，实用净高由 2.1m 提升至 2.275m。

（3）联动式商务管理

利用 BIM 模型一键提量的功能，提取工程量供造价使用；利用 BIM 模型现场管理的功能，供项目管理使用。这使得传统造价和项目管理业务都实现了明显的技术提升。

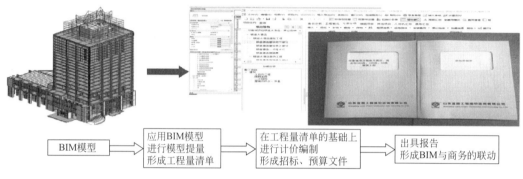

图 4-37　联动式商务管理

（4）施工阶段 BIM 现场应用

① 施工阶段工程资料管理：将施工所需资料进行云端储存，不再需要查找图纸、规范、工艺要求，在手机上就能直接查看。所有资料下发、上传、浏览应用统一平台，避免图纸版本不同造成的误解，并对施工中所有产生的现场资料，如变更、签证等进行实时更新，过程留痕。

② 施工阶段三维动态交底：传统的施工技术交底，仅通过文字和二维图纸的形式表现，对复杂节点无法进行更形象直观的立体展现，采用 BIM 技术进行可视化三维技术交底可以很好地解决相关问题并且可以进行漫游动画展示。

图 4-38　三维动态交底

③ 施工阶段预加工式处理：对于主要靠现场加工的构件，可以利用模型导出构件的详细尺寸进行预加工处理。以综合支吊架为例，以往综合支吊架常根据实际情况现场加工，既保障不了美观度，又增加了施工难度，延长工期。利用 BIM 技术，提出详细工程量，出具综合支吊架图统一加工，很好地解决了这一问题。

④ 施工阶段施工进度模拟：利用 BIM 技术及时分析现场进度完成情况，实时调整后续工序或进度计划，做到进度可控、过程可追溯、施工及影像资料完整。有效预见施工过程中每一个阶段的进度、资金情况，增强管理人员对工程的整体把控能力，有效控制工期。

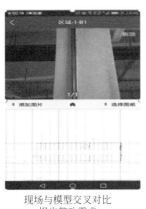

现场与模型交叉对比　　　　　施工单位接到要求　　　　　整改问题即时存档
提出整改需求　　　　　　　　进行整改后反馈　　　　　　形成管理数据

图 4-39　施工进度模拟

⑤ 施工阶段现场质量安全巡检：现场管理人员发现质量安全等问题后，将问题通过手机应用上传到云端，BIM 平台将质量安全问题的位置、时间、整改情况等信息与 BIM 模型相关联，实时查询任意节点或施工段的质量安全情况，并可自动生成工程质量安全统计分析报表。

（5）全生命期项目管理：

① 模型信息管理：利用 BIM 模型可随时查询任一构件信息，通过移动端扫描构件二维码获取构件全部信息，如构件材质、品牌、供应商、价格、使用寿命期限等相关过程信息。

② 应急事件处理：过去项目运营过程中出现突发事件，很多相关信息需要在大量的图纸中寻找，如果处理不及时，将酿成灾难性事故。利用 BIM 技术，在竣工模型中对故障构件进行快速定位，锁定事故点，获取关键信息，为快速处理事故提供技术保障，为应急抢险决策提供依据。

4.8.4　BIM 应用效果总结

1.效果总结

（1）项目实施效率、质量的提升：通过 BIM 应用将管理动作细化，解决了项目中面临专业多、技术难、效率低、时间紧的问题，提前发现碰撞点并进行优化设计，有效减少了返工现象。信息化平台的使用更是将项目中大量繁杂的信息进行了集成，为项目的长期运营提供了有效保障。

（2）项目管理水平的提升：通过整套流程的设计与实施，数据的收集与累积，集成统一数据标准，为业主留下一整套信息化管理的实施流程和制度，提升了业主的项目管理水平，为业主的后期项目决策提供数据支持。

2.方法总结

（1）人才的培养：通过前期的软件应用培训与施工中的实际应用，培养了一批土建、安装、装饰等专业的 BIM 应用人才，充实了团队的人才储备，加速企业向数字化转型迈进。

（2）BIM 应用方法：通过该项目的 BIM 应用实践，项目总结出"二维与三维并行""一模多用分摊成本""手机扫码查看模型"等多方面的应用方法，可供其他项目借鉴。

（3）社会效益：该项目荣获"2018 年度山东建筑信息模型（BIM）技术应用大赛"咨询组三等奖。

编后记

《中国建筑业企业 BIM 应用分析报告（2019）》秉承客观公正、科学中立的原则和宗旨，充分调研了现阶段我国建筑业企业 BIM 应用现状、存在问题以及发展趋势，针对建筑业企业在 BIM 应用上面临的典型问题和主要困惑，我们走访了一批行业资深 BIM 研究专家、BIM 专栏作家、建筑企业的管理高层、总包的项目部管理层以及一线的 BIM 中心领导，结合实际应用案例，系统总结了建筑业企业管理和 BIM 技术的结合方式，以及企业在不同阶段的 BIM 应用模式和推广方法，为建筑业推广 BIM 技术应用落地提供了理论和实践指导，对推动建筑业企业的精细化管理和信息化建设具有重要意义。

本书适合建筑业各级主管、监管人员，建筑业企业各级管理人员，BIM 中心工作人员，建设领域信息化的研究人员，工程项目其他相关参与单位的工程管理人员，以及所有对施工阶段 BIM 应用话题感兴趣的人阅读。

本报告的调研分为问卷调研、专家访谈和项目实地考察三种形式。问卷调查的所有分析和结论主要基于我们通过线上线下各渠道搜集的 868 份调研问卷数据。专家观点的内容则完全基于我们对 6 位专家的深度访谈，尽可能完整地呈现各个专家的观点。在两轮的调研过程中，我们在全国各地发现了一批应用 BIM 技术的优秀项目。在各地协会的支持下，我们深入项目现场进行实地考察，挖掘 BIM 应用的价值，并根据企业性质、项目规模、项目类型、项目特点等诸多方面精选出了 8 个应用 BIM 技术的优秀项目，通过实际项目的介绍从不同角度为读者提供 BIM 技术应用的经验与方法。

感谢中国建筑科学研究院有限公司总经理许杰峰、清华大学马智亮教授、湖南建工集团有限公司副总经理陈浩、浙江省建工集团有限责任公司总工程师金睿、广联达科技股份有限公司副总裁 BIM 业务负责人汪少山以及 BIMBOX 等专家参与并指导完成专访观点的梳理工作。

全书统稿工作由广联达新建造研究院完成。在本书编写过程中，广联达新建造研究院承担了大量的调查研究、专家访谈、资料整理等工作，在此表示衷心感谢！

由于时间仓促，疏漏之处在所难免，恳请广大读者批评指正。

本书编委会